职业院校工程施工实训教材

钢结构安装施工实训

张建荣　徐　杨　主编

U0213981

中国建筑工业出版社

图书在版编目（CIP）数据

钢结构安装施工实训/张建荣等主编. —北京：中国建筑
工业出版社，2018.1
职业院校工程施工实训教材
ISBN 978-7-112-21603-1

Ⅰ.①钢… Ⅱ.①张… Ⅲ.①钢结构-工程施工-职业教育-
教材 Ⅳ.①TU758.11

中国版本图书馆 CIP 数据核字（2017）第 297179 号

　　本书按照钢框架结构、门式刚架结构、钢屋架结构安装施工的主要内容及工作过程，设计了 15 个实训任务。每个实训项目的教学设计以行动导向教学理念为指导，包含实训任务、实训目标、实训准备、实训操作、成果验收、总结评价等教学环节及拓展内容，可以帮助并指导学生开展基本操作技能训练，学习相关专业理论知识，提高学生的职业关键能力，提升学生的职业综合素养，引导学生在操作实践的基础上积极反思，提高学习能力。

　　本书可作为高职高专院校建筑工程技术专业和中等职业学校建筑工程施工专业的实训教材，也可作为成人教育、相关职业岗位培训教材。

责任编辑：朱首明　司　汉　聂　伟
责任设计：李志立
责任校对：李美娜

职业院校工程施工实训教材
钢结构安装施工实训
张建荣　徐　杨　主编
*
中国建筑工业出版社出版、发行（北京海淀三里河路 9 号）
各地新华书店、建筑书店经销
北京红光制版公司制版
北京君升印刷有限公司印刷
*
开本：787×1092 毫米　1/16　印张：8¼　字数：206 千字
2018 年 1 月第一版　　2018 年 1 月第一次印刷
定价：**22.00** 元
ISBN 978-7-112-21603-1
（31261）

前　言

本书针对钢结构多层框架、钢结构单层刚架、钢结构单层排架等3类钢结构安装施工的主要内容及工作过程，设计了15个实训任务。实训条件假设为基础混凝土工程已经完成，钢结构构件也已制作完成。任务包括：施工图识读、施工安全教育、测量定位与放线、基础底板安装、框架钢柱安装、框架柱间支撑安装、框架钢梁安装、框架楼盖压型钢板安装、组合楼盖钢筋安装、钢楼梯安装、门式刚架安装、钢屋架安装、钢屋架水平支撑安装、钢檩条安装、钢结构工程竣工验收及资料归档等。其中前10个实训任务是针对钢框架结构的施工过程编排的，内容相对完整。而对于单层刚架结构和单层排架结构，为避免教材篇幅过大，只考虑与前面10个任务有明显区别的施工内容，设计成5个实训任务，列在后面。

本书的特点是将基于行动导向教学理念的项目教学法应用于每个实训任务之中。教师在教学的过程中要改变传统的角色定位，从知识的传授者变成活动的组织者、促进者，甚至是施工操作的参与者，在带领学生完成施工任务的过程中有意识地帮助学生积累实际工作经验，让学生在体验式的环境中学习。教师可以根据学校实训基地的条件灵活使用本书，既可以参照本书任务1至任务10的顺序进行多层框架结构的安装施工实训，也可以选取部分任务重组后进行单层刚架结构或单层排架结构的安装施工实训，另外也可以单独选取某一个工作任务进行单项实训。教师也可以不受本书的局限灵活组织实训，以在更大程度上帮助学生加深对钢结构安装施工过程的认识，提高学生的职业技能，提升学生的职业素养。通过施工实践，使学生看到真实而完整的劳动成果，感受到成功的喜悦，激发学习的热情和兴趣，增强从业的自尊和自信。

本书由张建荣、徐杨主编。参加编写的有高等职业院校、中等职业院校教师及建筑施工企业技术人员，主要有：周元清、谭伟、蔡洪昌、汪超锋、李莉、马怡、张莉莉、曹中坚、戴爱兵、郑荣杰、何嘉熙、陈维国、董静、刘毅、顾菊元、虞耀盛、郭蜀鄂、周想、易佳。实训照片拍摄自上海思博职业技术学院建筑工程实训基地。在同济大学职业技术教育学院参加国家级骨干教师培训班的学员张海彪、魏雪梅、许珊娜、朱磊明、温世洲、蔡莉萍、何开俊、屈友强、洪锦燕、武瑞瑞、文成、周光辉、陈亮、胡国庆、刘宙、高德强、张群、张世芳、史磊、刘帅、谢佳元、王溯、张建华、李红霞、万茵茵、林海燕、孙翠兰、王军霞、刘敏、全玥、王战、李波等参与实训、讨论。同济大学应届本科毕业生罗瑾涛、蓝杭煜、万祥等参与了书稿的整理工作，在此一并表示衷心感谢！

限于编者水平，书中难免有错误和不当之处，敬请读者批评指正。

目　录

任务 1 施 工 图 识 读

施工图是用来表示房屋的规划位置、外部造型、内部布置、内外装修、细部构造、固定设施及施工要求等的图纸。完整的施工图应内容齐全、表达准确、要求明确，是编制施工组织计划、工程预算、组织施工的依据，是后续施工定位放线、开挖地基、安装梁板柱等构件、安置设备等的依据，也是进行施工管理的重要技术文件。施工图识读是施工计划、组织、实施的首要工作。图 1-1 为施工图识读实训的照片。

图 1-1　施工图识读

1.1　实训任务

本实训项目任务为单层钢框架结构施工图识读，要求读懂相关施工图纸，为后续施工实训做准备。

1.2　实训目标

掌握钢框架结构建筑施工图及结构施工图的组成、图示内容、表达方法及作用；掌握钢框架梁、柱、组合楼板、楼梯的构造；了解钢框架结构体系、常见节点形式与构造；了解钢框架结构的节点连接方式及其适用条件。

学会查阅和使用标准图集；能够识读钢框架建筑施工图和结构施工图；能应用 CAD 软件绘制简易节点详图和施工图。

养成学生自主学习的习惯；养成学生较强的实践意识，遇到问题能认真分析、查找原因、找到理论依据；养成学生严谨、细致、认真的工作态度。

1.3　实训准备

1.3.1　建筑施工图和结构施工图识读的一般步骤

为了便于查阅图纸、档案管理及方便施工，施工图常按专业分类和施工阶段进行编排装订。对一般民用建筑来说，一套完整的施工图一般包括：建筑施工图、结构施工图、给水排水施工图、供热与通风施工图、电气施工图（又分强电部分和弱电部分）、其他特定专业安装施工图等。

在土建施工阶段，重点要识读建筑施工图和结构施工图，一般先阅读设计总说明了解工程概况，再依次识读各基本图和详图，且读图时需注意将建筑施工图和结构施工图结合起来，检查有无错误与矛盾。并将发现的问题逐一记下，按结构施工图的顺序进行整理，以便在图纸会审时加以解决。

1.3.2　结构施工图概要

（1）看结构设计总说明，了解建筑结构类型、层数、抗震设防类别、抗震设防烈度、抗震等级、人防工程设计等级、场地土的类别、设计使用年限、环境类别、钢筋保护层厚度、结构安全等级、材料的选用及强度等级等。同时还要看二次结构的做法交代得是否全面可行。

（2）看基础平面图和基础详图，了解基础构造形式和基础尺寸。

（3）看各钢柱结构平面图，了解柱网布置和柱表，了解各层不同编号柱截面尺寸及连接方式。

（4）看各钢梁结构平面图，了解不同编号梁截面尺寸和连接方式。

（5）看组合板结构剖面图，了解压型钢板结构形式、混凝土等级、配筋情况、抗剪件的布置。

（6）看楼梯结构施工图，了解楼梯的布置位置及连接方式。

1.4　施工图主要内容识读

1.4.1　图纸标题栏

附录为本实训项目的框架结构、刚架结构、排架结构的主要结构施工图。在每张图的右下角为图纸标题栏，以表格形式表达了本张图纸的基本信息，如图 1-2 所示。标题栏的主要内容包括：设计单位、设计证书等级、工程名称、工程项目、工程图别和图名以及图号，该图审定、审核、校对、设计的人员。

1.4.2　框架平面布置图

框架柱布置图（图 1-3），应识读的内容有：

（1）本布置图采用 1：50 的绘图比例绘制。

（2）框架结构共 9 根柱，建筑平面图中长轴为纵向，短轴为横向，该框架平面布置为横向 2400mm×2，纵向 3300mm×2。

（3）注意观察每根柱的编号及排列方式，若采用 H 型钢钢柱，则 H 型钢翼缘与钢框架纵向平行，腹板与横向平行。

1.4.3　框架梁布置图

框架梁布置图（图 1-4），应识读的内容有：

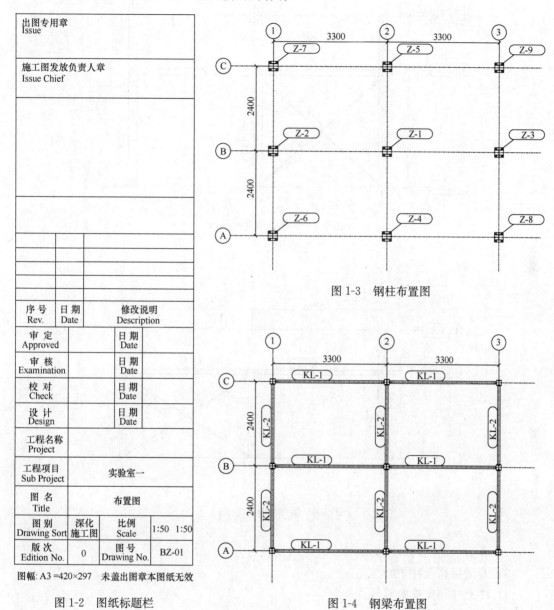

图 1-2　图纸标题栏

图 1-3　钢柱布置图

图 1-4　钢梁布置图

（1）本布置图采用 1∶50 的绘图比例绘制。

（2）注意观察每根梁的编号、数量及排列方式，本框架梁布置图中共有 2 种类型框架梁，编号分别为 KL-1 和 KL-2。

1.4.4　框架立面图

框架立面图（图 1-5、图 1-6），应识读的内容有：

（1）本立面图采用 1∶50 的绘图比例绘制。

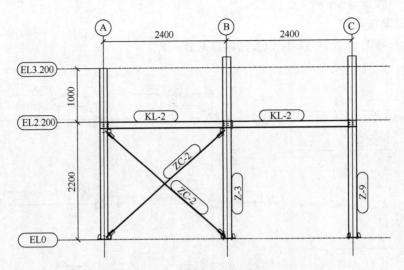

图 1-5 框架③轴立面图

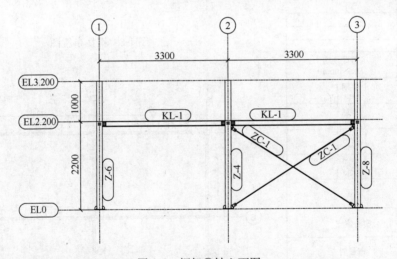

图 1-6 框架Ⓐ轴立面图

（2）弄清立面图的轴线的编号、顺序以及观测方向。

（3）看清层高及柱子的总高。

（4）注意柱间支撑的编号。

1.4.5 框架柱构件图

框架柱构件图如附图 2～附图 10 所示。图中有柱子两个方向的立面图及节点详图，应识读的内容有：

（1）框架柱构件图采用 1：50 的绘图比例绘制。

（2）了解各框架柱的长度、截面形状和尺寸、与基础及梁的连接方式、留孔的尺寸及位置。

（3）图的左上角，有构件的编号、安装区域、主构件标高，见表 1-1。

柱子 Z-1 的安装位置说明表　　　　　　　　　　　表 1-1

构件编号	安装区域	主构件标高
Z-1	2/B	3.200

（4）图的右上角，有构件的数量、规格、材质、重量、表面积、长度等，见表 1-2。

柱子 Z-1 的材料表　　　　　　　　　　　表 1-2

构件编号：Z-1		构件数量：1				构件重量：73.3kg	
部件编号	规格 (mm)	长度 (mm)	材质	数量	单重 (kg)	共重 (kg)	表面积 (m²)
P-7	PL6×168	110	Q345B	2	0.9	1.8	0.04
P-10	H150×150×4.5×6	3188	Q345B	1	60.6	60.6	2.85
P-14	PL8×73	138	Q345B	4	0.6	2.4	0.02
P-17	PL6×50	80	Q345B	8	0.2	1.6	0.01
P-18	PL12×270	270	Q345B	1	6.9	6.9	0.16
			合计：73.3kg				

（5）组成该柱的部件种类众多且数目不一，须仔细阅读。

（6）该图有两个节点的剖视图，需逐一对应识读。

1.4.6　框架梁构件图

框架梁构件 KL-1、KL-2 施工图如附图 11 所示。应识读的内容有：

（1）本布置平面图采用 1:50 的绘图比例绘制。

（2）了解两根梁构件图的长度、截面形状和尺寸、与柱的连接方式、留孔的尺寸及位置的不同之处。

（3）图的左上角，有构件的编号、安装区域、主构件标高，见表 1-3、表 1-4。

（4）图的右上角，有构件的数量、规格、材质、重量、表面积、长度等，见表 1-5、表 1-6。

（5）图的右栏上部有关于本图的技术说明，见表 1-5、表 1-6。

梁 KL-1 的安装位置说明表　　　　　　　　　　　表 1-3

构件编号	安装区域	主构件标高（m）
KL-1	1-2/A	2.200
KL-1	1-2/B	2.200
KL-1	1-2/C	2.200
KL-1	2-3/A	2.200
KL-1	2-3/B	2.200
KL-1	2-3/C	2.200

梁 KL-2 的安装位置说明表　　　　　　　　　　　表 1-4

构件编号	安装区域	主构件标高（m）
KL-2	1/A-B	2.212
KL-2	1/B-C	2.212
KL-2	2/A-B	2.212

构件编号	安装区域	主构件标高（m）
KL-2	2/B-C	2.212
KL-2	3/A-B	2.212
KL-2	3/B-C	2.212

梁 KL-1 的材料表　　　　表 1-5

构件编号：KL-1	构件数量：6				构件重量：267.95kg		
部件编号	规格（mm）	长度（mm）	材质	数量	单重（kg）	共重（kg）	表面积（m²）
P-12	L12.6	3140	Q345B	1	44.7	44.7	1.59
合计：44.7kg							

梁 KL-2 的材料表　　　　表 1-6

构件编号：KL-2	构件数量：6				构件重量：205.84kg		
部件编号	规格（mm）	长度（mm）	材质	数量	单重（kg）	共重（kg）	表面积（m²）
P-13	L12.6	2230	Q345B	1	31.7	31.7	1.13
P-16	PL10×110	150	Q345B	2	1.3	2.6	0.04
合计：34.3kg							

1.5　成果验收

识读该套图纸的建筑及结构总说明，了解工程概况，完成表 1-7～表 1-11 内容的填写。

工程概况　　　　表 1-7

工程名称		设计证书等级	
占地面积		钢材材质	
构件总重量		部件种类	

框架平面布置图　　　　表 1-8

绘图比例		图号	
框架横向定位轴线间距		框架纵向定位轴线间距	
钢柱数量		钢柱编号	
框架梁数量		框架梁编号	

框架立面图 表 1-9

图号		柱间支撑数量	
柱间支撑编号		柱间支撑位置	
框架层高		钢柱总高	

框架梁构件图 表 1-10

识读项目	框架梁 KL-1	框架梁 KL-2
绘图比例		
图号		
安装区域		
主要构件标高		
数量		
重量		
长度		
材质		
梁柱连接方式		
螺栓数量		
螺栓直径		

框架柱构件图（Z-1～Z-9） 表 1-11

绘图比例		图号	
规格		材质	
重量		安装区域	
柱脚底板尺寸		焊接类型	
螺栓数量		螺栓直径	

1.6 总结评价

参照表 1-12，对实训过程中出现的问题、原因以及解决方法进行回顾分析总结，并与其他实训小组的同学共同讨论，将思考和讨论结果填入表中。

实训总结表				表 1-12
组号		小组成员		日期	

实训中的问题：

问题的原因：

问题解决方案：

实训体会：

1.7 拓展内容：焊缝符号及钢材质量计算

1.7.1 焊缝符号

焊缝截面形状符号的表示方法相对复杂，需要用焊缝引出线、基本符号、辅助符号、补充符号及焊缝尺寸共同表示，如图 1-7 所示。各种类型常用符号见表 1-13～表 1-16，其余内容详见《焊缝符号表示法》GB/T 324—2008 中的有关规定。

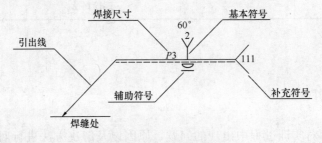

图 1-7 钢结构焊缝符号

钢结构焊缝基本符号 表 1-13

序号	名称	示意图	符号	序号	名称	示意图	符号
1	角焊缝		◿	5	带钝边单边V形焊缝		Ⱶ
2	V形焊缝		∨	6	带钝边U形焊缝		Υ
3	单边V形焊缝		Ⱶ	7	I形焊缝		‖
4	带钝边V形焊缝		Υ	8	卷边焊缝		⅄

钢结构焊缝辅助符号 表 1-14

序号	名称	示意图	符号	标注位置	说明
1	平面符号		—	▽	焊缝表面齐平（一般通过打磨或加工）
2	凹面符号		‿	◺	焊缝表面凹陷
3	凸面符号		⌒	⧖	焊缝表面凸起

钢结构补充符号 表 1-15

序号	名称	示意图	符号	说明
1	带垫板符号		▭	表示焊缝底部有垫板
2	三面焊缝符号		⊐	表示三面带有焊缝
3	周围焊缝符号		○	表示环绕工件周围焊缝
4	现场符号	—	▐	表示在现场或工地上进行焊接
5	尾部符号		<	参照《焊接及相关工艺方法代号》GB/T 5185—2005 标注焊接工艺方法

钢结构焊缝尺寸符号　　　　　　　　表 1-16

符号	名称	示意图	符号	名称	示意图
α	坡口角度		l	焊缝长度	
b	根部间隙		e	焊缝间距	
p	钝边		n	焊缝段数	
K	焊角尺寸		N	相同焊缝数量符号	

1.7.2　钢材质量计算

常用型钢的截面形状和尺寸应符合国家标准规定的，所以对于有同样截面的型钢（即同一规格、型号的），其总质量与长度成正比。在型钢质量的计算中，常用单位长度的质量（kg/m）作为基本参数。我们只要知道该型钢单位长度上的理论质量，总质量就等于理论质量与长度的乘积。表 1-17 为部分型材的理论质量，以供举例之用。

部分型材的理论质量　　　　　　　　表 1-17

材料名称	截面简图	规格（mm）	理论质量（kg/m）	材料名称	截面简图	规格（mm）	理论质量（kg/m）
角钢		30×30×3	1.373	圆管		25×2.5	1.39
		50×50×5	3.770			51×3	3.550
		75×75×7	7.976			圆管质量＝[0.02466×壁厚×（外径－壁厚）]	
		100×100×10	15.120				
槽钢		100×48×5.3	10.007	工字钢		100×68×4.5	11.26
		126×53×5.5	12.318			160×88×6	20.513
		180×70×9	23			200×100×7	27.929
		220×79×9	28.453			320×130×9.5	52.717

例如，若有一规格为 30mm×30mm×3mm、长度为 5900mm 的角钢，通过查表 1-17

可知该角钢理论质量为 1.373kg/m，则其总质量 $m=1.373×5900÷1000=8.1kg$。

项目设计或施工过程中，常需要制作构件材料表，其中包括各主要构件的质量。

思 考 题

（1）施工图纸有什么作用？

（2）一套完整的图纸应该包含哪些内容？

（3）一整套施工图纸识读的流程应该是怎样的？

（4）识读结构设计总说明时需注意哪些方面？

（5）识读钢框架平面布置图时应注意哪些识读要点？

任务 2　施 工 安 全 教 育

　　"预防为主"是实现"安全第一"最重要的手段，采取正确的措施和方法进行安全控制，从而减少甚至消除事故隐患，尽可能把事故消灭在萌芽状态，这是安全控制最重要的思想。施工安全教育是指对参与人员的安全技术操作规程、安全施工规章制度、安全组织记录等的一系列教育培训活动。通过安全教育，增强施工人员的安全防护执行力和自我保护意识，把安全施工的理念落实到施工行动上。

　　建筑施工行业的特点为劳动力密集、劳动强度高、危险性较大，是安全事故多发行业。建筑施工企业安全教育作为建筑施工安全生产管理的一个重要内容，是企业贯彻执行"安全第一、预防为主"安全生产方针的一项重要措施，是提高安全意识与安全知识水平的一种有效手段，也是预防与减少重大伤亡事故发生的有效途径。可以说施工安全教育是现场安全生产工作的出发点，在项目实训过程中，安全教育应常抓不懈。因此，安全教育既是一个实训项目，也是整个实训过程中的重要内容。图 2-1 为实训时进行施工安全教育的照片。

图 2-1　施工安全教育

2.1　实训任务

　　组织一次安全法规学习，开展一次安全讨论，参观考察建筑现场安全生产措施。针对校内实训环境和实训项目，制定安全生产规章制度，进行一次现场安全检查。

2.2　实训目标

　　正确认识施工安全教育的重要性；了解建筑业安全生产的法律、规定、制度等相关文件内容；了解建筑企业安全管理的机构和制度；熟悉建筑工程施工现场安全生产的规章制度；熟悉安全隐患排查方法和过程。

　　能正确识别施工安全标志；能根据要求在施工现场布置安全宣传标志；能执行安全管理制度；能组织开展安全技术交底；能参与施工现场安全检查。

　　培养学生安全施工意识，养成安全文明施工的工作习惯和精细操作的工作态度；培养学生诚实、守信的品格，善于沟通、乐于合作的性格和安全管理的能力。

2.3　实训准备

2.3.1　知识准备

　　阅读相关施工法规例如《建设工程安全生产管理条例》，并查阅教材及相关资料，回答表 2-1 中的问题，并填入所参考的相关资料名称和学习中所遇到的其他问题。根据实训分组，针对表中的问题分组进行讨论。

问题讨论记录表

表 2-1

组号		小组成员		日期	
问题		问题解答		参考资料	
1. 高处作业指的是什么？					
2. 项目安全控制的三个重点是什么？					
3. 安全技术交底主要内容有哪些？					
4. 其他问题					

2.3.2　注意事项

　　（1）穿实训服，衣服袖口有缩紧带或纽扣，不准穿拖鞋。

　　（2）戴安全帽，留辫子的同学必须把辫子扎在头顶，且安全帽要系好下颚带。

　　（3）整个流程必须戴手套。

　　（4）由任课老师负责实训指导与检查督促、验收。

　　考虑到实际实训过程中，学生人数较多，任课老师较难注意到每个同学的施工各部分，实训安全比较难管理，建议在实训小组中增加学生安全员。

2.4　实训操作

2.4.1　安全检查的类型

　　（1）定期检查

　　定期对项目进行安全检查，分析不安全行为和隐患存在部位的危险程度。一般施工企业每年检查1～4次；项目经理部每月检查一次；班组每周、每班次都应进行检查；专职安全技术人员的日常检查应该有计划，针对重点部位周期性地进行检查。

（2）专业性检查

专业性检查是指针对特种作业、特种设备、特种场所进行的检查，如：电焊、气焊、起重设备、运输车辆、锅炉压力容器、易燃易爆场所等。

（3）季节性检查

季节性检查是指根据季节特点，为保障安全生产的特殊要求所进行的检查，如：春季风大，要着重防火、防爆；夏季高温多雨有雷电，要着重防暑降温、防汛、防雷击、防触电；冬季气温低，要着重防寒、防冻等。

（4）节假日前后的检查

节假日前后的检查是指针对节假日期间容易产生思想麻痹的特点而进行的安全检查，包括节日前进行安全生产综合检查，节日后要进行遵章守纪的检查等。

（5）不定期检查

不定期检查是指在工程或设备开工和停工前、检修中，工程或设备竣工及试运转时进行的安全检查。

2.4.2 安全检查的内容

安全检查的主要内容有以下几个方面：

（1）查思想

主要检查企业的领导和职工对安全生产工作的认识。

（2）查管理

主要检查工程的安全生产管理是否有效，其主要内容包括：安全生产责任制、安全技术措施计划、安全组织机构、安全保证措施、安全技术交底、安全教育、持证上岗、安全设施、安全标识、操作规程、违规行为、安全记录等。

（3）查隐患

主要检查作业现场是否符合安全生产、文明生产的要求。

（4）查整改

主要检查对已提出问题的整改情况。

（5）查事故处理

对安全事故的处理应达到查明事故原因、明确责任并对责任者做出处理、明确和落实整改措施等要求，同时还应检查对伤亡事故是否做到了及时报告、认真调查、严肃处理。

安全检查的重点是检查违章指挥和违章作业；安全检查后应编制安全检查报告，说明已达标项目、未达标项目、存在的问题、原因分析以及纠正和预防措施。

2.4.3 项目经理部安全检查

项目经理部是施工企业为了完成某项建设工程施工任务而设立的组织。由项目经理在企业的支持下组建并领导，进行项目的技术、生产、材料、成本、质量、安全等管理。项目经理部是现场生产管理机构，对安全生产设专人直接负责。

（1）安全检查形式

① 设置专职的安全员对施工现场进行安全检查。

② 由项目经理不定期地组织相关人员对施工现场进行安全检查，同时对关键部位要

跟踪检查，并做好记录。

③ 除配合上级部门检查外，公司工程管理部每月对各施工项目进行全面检查。

（2）整改通知

① 由项目部检查出来的安全问题，发出《安全隐患整改通知单》，指明需整改的隐患要点和提出"三定"要求，即定执行人员、定整改期限、定整改措施，以便责成班组进行整改处理。《安全隐患整改通知单》一式二份，一份交施工队，一份留项目部保存。情况严重的要上报公司工程管理部备案。

② 由公司工程管理部检查出来的安全问题，发出《安全隐患整改通知单》，指明需整改的隐患要点和提出"三定"要求，以便项目部进行整改处理。《安全隐患整改通知单》一式二份，一份交项目部，一份留公司工程管理部保存。

（3）检查整改情况

① 施工项目完成"隐患整改"后，由项目部组织人员进行复查，经复查整改合格后保存记录。若复查认为尚不合格，则再发出整改通知单，甚至停工整顿，施工队应继续整改，直至整改合格为止，项目部发出的《安全隐患整改通知单》也按此程序进行。同时对相关的责任人进行经济处罚。

② 施工项目完成"隐患整改"后，由公司工程管理部组织人员进行复查，经复查整改合格后保存记录。若复查认为尚不合格，则再发出整改通知单，甚至停工整顿，项目部应继续整改，直至整改合格为止，公司工程管理部发出的《安全隐患整改通知单》也按此程序进行。同时对相关的责任人进行经济处罚。

2.5　成果验收

成果验收是对实训的结果进行系统的检查和考察。应当按照表 2-2 对相关项目进行验收评分。

安全评分表

表 2-2

序号	项目	总分	分值	扣分点
1	安全标志	10		
2	持证上岗	10		
3	安全教育	15		
4	安全检查	15		
5	安全生产责任制	10		
6	分包单位安全管理	10		
7	安全技术交底	15		
8	应急预案	15		
	合计	100		

2.6　总结评价

参照表 2-3，对实训过程中出现的问题、原因以及解决方法进行回顾分析总结，并与实训小组的同学共同讨论，将思考和讨论结果填入表中。

实训总结表　　　　　　　　　　　　　　　　　　　　　　表 2-3

组号		小组成员		日期	
实训中的问题：					
问题的原因：					
问题解决方案：					
实训体会：					

思　考　题

（1）什么是施工安全教育？施工安全教育有什么作用？

（2）安全检查的类型有哪些？

（3）施工现场安全检查的内容有哪些？

（4）项目经理部如何在现场进行安全检查？

（5）《安全隐患整改通知单》中的"三定"具体指的是什么？

任务 3 测量定位与放线

测量定位是指根据施工图运用测量技术将建筑物外轮廓各轴线交点测设到地面上，作为基础和细部放线的依据。建筑物的放线是指根据定位的主轴线桩，详细测设其他各轴线交点的位置，并据此按基础宽和放坡宽用白灰线撒出基槽边界线。测量定位与放线为后续施工工序提供了基准和方向，对后续施工的质量和精度有着显著影响，是确保工程质量与工程进度的重要环节。进行测量定位与放线的能力是施工员的基本功，工作中应严谨、细致，不能有半点马虎。图 3-1 为测量放线的照片。

图 3-1 测量放线

3.1 实训任务

鉴于实训工程基本测设控制点已经设定，基础工程施工已经结束，本次实训的任务根据工程现场条件制定测设计划，进行建筑物的定位放线，复核基础顶面标高。也可以假设实训前他人已经完成测设工作，并且也用墨斗放好了线，本次实训的任务是进行定位与放样的复核检验。

3.2 实训目标

了解钢结构框架体系施工中测量放线的工作内容；了解坐标定位操作所需要的基本条件；掌握施工定位与放线的工作原理。

能够使用经纬仪进行坐标定位；能够使用全站仪进行坐标定位；能完成建筑基础定位轴线放线；能对放线结果进行复核。

树立团队工作意识，使学生养成主动配合他人工作的习惯；培养学生严谨、细致、踏实的工作作风；培养学生珍惜仪器、爱护公物的习惯和品格。

3.3　实训准备

3.3.1　知识准备

识读施工图纸（附图1），了解框架结构柱网布置。查阅教材及相关资料，回答表 3-1 中的问题，并填入所参考的相关资料名称和学习中所遇到的其他问题。根据实训分组，针对表中的问题分组进行讨论。

问题讨论记录表　　　　　　　　　　　　　　　　　　表 3-1

组号		小组成员		日期	
问题		问题解答		参考资料	
1. 建筑物定位主要使用何种仪器，其适用情况如何？					
2. 经纬仪放样方法有哪些？说明适用情况。					
3. 水平角的测量方法有哪几种？有什么精度要求？					
4. 其他问题					

3.3.2　技术准备

根据实训任务要求，思考并写出测设方法，画出测设方案草图，确定测设数据计算的检查方法，填入表 3-2。分组讨论后，确定小组测设方案。

测量放线工作方案　　　　　　　　　　　　　　　　　　表 3-2

组号		小组成员		日期	
测设方法					

组号		小组成员		日期	
测设略图					
质量控制要点及质量检验方法					

3.3.3　仪器及工具准备

各组依据测设方案编制测设仪器及工具清单。经指导老师检查核定后，方可借用或领取。表 3-3 为可供参考的实训仪器及工具借用表。各组借领的仪器工具要有编号，并在借领时进行登记和经手人签名。仪器工具运到实训现场后，要再做清点。借领的仪器工具及防护用品应经过严格检查，禁止使用不符合规范要求的工具及防护用品。同时准备足量的木桩、钢钉、测杆等物品。

实训仪器及工具借用表　　　　　　　　　　　　表 3-3

序号	名称	规格	单位	数量	备注
1	电子经纬仪	DJ6	台	1	组长负责领、收
2	自动安平水准仪	DS3	台	1	组长负责领、收
3	钢卷尺	50m	把	1	组长负责领、收
4	塔尺	2m	把	1	组长负责领、收
5	测杆	TR-1	支	2	组长负责领、收
6	墨斗	自动卷线	个	1	线长 15m
7	线坠	400g	个	1	每组 1 个
8	铅笔	HB	根	1	红蓝双色铅笔也可

3.3.4 注意事项

（1）测量放线所使用仪器应校正后方可使用，否则其放样精度无法保证满足要求。

（2）应注意钢尺的零刻度位置，量取中间轴线的长度从整条轴线的端点开始，避免产生积累误差。用钢尺量距时两人应同时用力拉紧并使钢尺平直。

（3）注意成品保护措施，做好施工标记。

（4）注意人身及机器安全，做到人机一体。

3.4 实训操作

3.4.1 检验建筑物的定位与放样

本项目建筑物定位拟采用的测设方案如图 3-2 所示。假设实训前他人已经完成测设工作，并且也用墨斗放好了线，所以只需检验角度与长度是否准确即可。

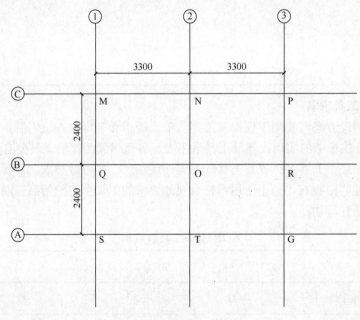

图 3-2 测设方案示意图

实训操作步骤：

（1）在 O 点安置经纬仪，对中整平后，瞄准 Q 点记录数据，然后继续瞄准 N 点和 T 点，得出∠NOQ 和∠QOT 的度数；接下来瞄准 R 点记录数据，然后继续瞄准 N 点和 T 点，得出∠NOR 和∠ROT 的度数。

（2）在 M 点安置经纬仪，对中整平后，瞄准 N 点记录数据，然后瞄准 Q 点，得出∠QMN 的度数；同理可得到∠QST、∠TGR、∠NPR 的度数。

（3）检验这些角度是否在误差允许的范围内。

测设数据填写于表 3-4。

经纬仪测量记录表　　　　　　　　　　　　表 3-4

仪器型号		天气观测		班组		观测者		记录者	
测站	目标	竖盘	水平盘度数		水平角值		边长	精度校核	
		左							
		右							
		左							
		右							
		左							
		右							
		左							
		右							

（4）利用钢尺检验出各个轴线的长度与设计值对比计算差值，因为本建筑结构的外轴线小于 30m，容许误差不大于 ±5mm，所以差值在 5mm 以内，精度才合格。填写建筑放样记录见表 3-5。

建筑放样记录表　　　　　　　　　　　　表 3-5

仪器组号		记录者		观测者		气温条件	
工作过程			测设简图			检查检验	

3.4.2 地面标高的检查

本实训项目基础施工已经结束，应检查基础顶面标高是否符合设计要求。可用水准仪测出基础顶面若干点（尤其是柱子位置处，共 9 处）的实际高程，与已有高程比较，允许误差为±1mm。检查过程及结果填写于表 3-6。

基础标高的检查表 表 3-6

仪器组号		记录者		观测者		气温条件	
测点编号	已有标高（m）		实际标高（m）		高差（m）		水准点标高及编号

3.5 成果验收

（1）小组内部对放样、定位、标高检查的实训工作进行自检，找出测量过程中的错误，并记入表 3-7。

（2）各小组之间对放样、定位、标高检查的实训工作成果进行互检，找出错误，并记入表 3-7。

（3）各小组之间讨论交流，分析发生错误的原因，提出解决问题的方法，讨论结果计入表 3-7。

测设自检互检表 表 3-7

组号		工作任务		
出现的问题	自检结果：		互检结果：	
原因分析				
解决方法				

3.6　总结评价

参照表 3-8，对实训过程中出现的问题、原因以及解决方法进行回顾分析总结，并与实训小组的同学共同讨论，将思考和讨论结果填入表中。

实训总结表　　　　　　　　　　　　　　　　　　表 3-8

组号		小组成员		日期	
实训中的问题：					
问题的原因：					
问题解决方案：					
实训体会：					

思　考　题

(1) 定位和放线有什么作用？

(2) 施工中常用的测量仪器有哪些？

(3) 用钢尺进行量距应注意哪些问题？

(4) 应用经纬仪测量时需记录哪些数据？

(5) 如何检验基础顶面标高是否符合设计要求？

任务4 基础底板安装

基础底板位于钢柱柱脚下方，用于连接钢柱与混凝土基础，起着分散压力到基础的作用。钢结构安装前，应按构件明细表核对进场的构件，核查质量证明书、设计文件、构件交工所必需的技术资料以及大型构件预装排版图。基础底板安装前应对建筑物的定位轴线、基础轴线和标高、地脚螺栓位置等进行检查复核，然后再进行安装。基础底板的安装质量直接影响结构的后续安装，是钢结构施工中一个重要的分项工程。图4-1为柱脚基础底板安装施工实训的照片。

图4-1　柱脚基础底板安装

4.1　实训任务

该框架结构的识图以及测量放线已经完工，在验收通过后，须根据施工图纸确定基础的支撑面、支座、地脚螺栓（或预埋地脚螺栓孔）位置。

4.2　实训目标

掌握基础施工的质量检验标准及检验流程；掌握基础地脚螺栓的定位及埋设要求；掌握基础底板施工要点；掌握基础标高的调整方法；掌握垫铁垫放的基本步骤及注意事项。

能够根据施工图进行基础底板的安装；能够对基础底板标高进行检验并调整；能够借助施工手册，解决施工中所遇到的问题。

养成学生吃苦耐劳、团队合作的精神；养成学生分析问题和解决问题的综合素质；养成学生安全文明施工的工作习惯和精细操作的工作态度。

4.3　实训准备

4.3.1　知识准备

识读施工图纸（附图 1～附图 10），查阅教材及相关资料，回答表 4-1 中的问题，并填入所参考的相关资料名称和学习中所遇到的其他问题。根据实训分组，针对表中的问题分组进行讨论。

问题讨论记录表　　　　　　　　　　　　　　　　　　表 4-1

组号		小组成员		日期	
问题		问题解答		参考资料	
1. 基础垫铁放置的位置及分布？					
2. 地脚螺栓该如何纠偏？					
3. 其他问题					

4.3.2　技术准备

根据实训施工图纸，在表 4-2 中列出钢垫板、螺栓布置简图，描述钢垫板和螺栓安装的步骤与方法，写出质量控制要点及质量检验方案。分组对上述内容开展讨论，商定基础底板工作方案。

基础底板工作方案　　　　　　　　　　　　　　　　　表 4-2

组号		小组成员		日期	
钢垫板、螺栓布置简图					
安装的步骤与方法					
质量控制要点及质量检验方案					

4.3.3 工具及防护用品准备

工具及防护用品有扳手、锤子、电焊机、胶手套、安全帽等。扳手有手动扳手、电动扳手，其中电动扳手分扭矩型电动扳手和扭剪型电动扳手两种。扭矩型电动扳手用于大六角头高强度螺栓的终拧，也用于扭剪型高强度螺栓的初拧；扭剪型电动扳手主要是用于扭剪型高强度螺栓的终拧，当扭剪型高强度螺栓的梅花头被切断时即认为螺栓已拧紧。工作时将扳手头对准螺栓头，扣动开关即可开始工作，几秒后，螺栓梅花头将被扭断，然后抽出扳手并关闭将梅花头取出，即结束工作。

各组按照施工要求编制工具及防护用品清单见表 4-3。经指导老师检查核定后，方可领取工具，各组领出的工具要有编号，并对领出的物品进行登记和经手人签名。工具等用品运到实训现场，应做清点。领取的工具及防护用品应经过严格检查，禁止使用不符合规范要求的工具及防护用品。

实训工具及防护用品计划表　　　　　　　　　　　表 4-3

序号	名称	规格	单位	数量	备注
1	电子经纬仪	DJ_6	台	1	组长负责领、收
2	自动安平水准仪	DS_3	台	1	组长负责领、收
3	扭矩型电动扳手	300NM	把	1	用于高强度螺栓的初拧
4	扭剪型电动扳手	800NM	把	1	用于高强度螺栓的终拧
5	钢丝刷	铁皮底座	把	1	用于清除摩擦面的浮锈、油污等
6	手工扳手	8寸	把	2	用于普通螺栓的初拧、终拧
7	锤子	0.5kg	把	2	组长负责领、收
8	钢卷尺	5m	卷	2	组长负责领、收
9	手电钻	ABOP6	把	1	组长负责领、收
10	电焊机	BX1	台	1	各小组公用
11	安全帽	《安全帽》GB 2811—2007	顶	每人1顶	—
12	防护手套	《针织民用手套》FZ/T 73047—2013	双	每人1双	—

4.3.4 注意事项

（1）施工人员必须戴安全帽、戴口罩，身着实训服。

（2）遇有恶劣天气应停止作业。

（3）基础底板要保证质量合格，按规定经检查验收后方能使用。

4.4 实训操作

4.4.1 基础标高

基础施工时，应按照设计施工图规定的标高尺寸进行施工以保证基础标高的准确性。对基础上表面标高进行处理时，应结合各成品钢柱的实际长度和支撑面的标高尺寸进行，以保证安装后各钢柱的标高尺寸达到一致。在确定基础标高时，应按以下方法处理：

（1）首先确定各钢柱与所在各基础的位置，进行配套编号。

（2）根据各钢柱的实际长度尺寸确定对应的基础标高。

（3）当基础标高的尺寸与钢柱实际总长度或支承面不符时，应采用降低或增高基础上表面的标高尺寸的方法来调整并确定安装标高的精确尺寸。

4.4.2 垫铁垫放

（1）垫铁底面应与基础表面紧密贴合。垫铁垫放前，应用工具将基础表面不平处凿平，以保证垫铁组能将承受的力平稳地传给基础。

（2）垫铁垫放的位置及分布，应根据钢柱底板受力面积的大小确定，一般垫放在钢柱中心、两侧受力较集中的部位或靠近地脚螺栓的两侧。

（3）用垫铁来调整钢柱标高和水平度时，应首先确定垫铁的面积，直接承受荷载的垫铁面积应当符合受力需要。

（4）垫铁厚度应根据基础上表面标高来确定，一般基础上表面的标高多数低于安装基准标高 40~60mm。安装时依据标高尺寸，用垫铁来调整并确定极限标高和水平度。

（5）在确定平垫铁的厚度时，还应同时锻造加工一些斜垫铁，其斜度一般为 $1/10$ ~ $1/20$；垫放时应防止产生偏心悬空，斜垫铁应成对使用。

（6）基础灌浆前，应认真检查垫铁组与底座板接触的牢固性，常用 0.25kg 的小锤轻击，用听声的办法来判断是否牢固。接触牢固的声音是实音，接触不牢固的声音是碎哑音。

4.4.3 基础灌浆

（1）灌浆应选用高强度等级细石混凝土或膨胀水泥砂浆。通常采用强度等级为 C40 的细石混凝土或强度等级为 M5 的膨胀水泥砂浆。

（2）基础灌浆前，基础支承部位的混凝土面层上的杂物应清洗干净，并用清水湿润。

（3）基础灌浆工作完成后，应将支承面四周边缘用工具抹成 45°散水坡，并认真湿润养护。

4.4.4 地脚螺栓施工

（1）基础施工确定地脚螺栓或预留孔的位置时，应认真按施工图规定的轴线位置尺寸放出基准线，同时在纵、横轴线（基准线）的两对应端，分别选择适宜位置，埋置铁板或型钢，标定出永久坐标点，以备在安装过程中随时测量参照使用。

（2）地脚螺栓埋设前，应先将埋入混凝土中的螺杆表面的铁锈、油污清理干净。如清理不净，会使浇筑后的混凝土与螺栓表面结合不牢，易出现缝隙或隔层，不能起到锚固底座的作用。

（3）地脚螺栓埋设前，应将预留孔内的杂物清理干净，一般做法是用长度较长的钢凿将孔底及孔壁结合薄弱的混凝土颗粒及贴附的杂物全部清除，然后用压缩空气吹净。浇筑前应用清水充分湿润，然后再行浇筑。

（4）为防止浇筑时，地脚螺栓的垂直度及距孔内侧壁、底部的尺寸变化，浇筑前应将地脚螺栓找正后再加固固定。

（5）当螺栓位移超过允许值时，可用氧气—乙炔火焰将底座板螺栓孔扩大，安装时，另加长孔垫板焊接。也可将螺栓根部混凝土凿去 5～10cm，而后将螺栓先稍弯曲，再烤直。

（6）经检查测量，如埋设的地脚螺栓有个别的垂直度偏差很小时，应在混凝土养护强度达到 75％及以上时进行调整。调整时可用氧气—乙炔焰将不直的螺栓在螺杆处加热后采用木质材料垫护，用锤敲移并扶直到正确的垂直位置。

（7）对位移或垂直度超差过大的地脚螺栓，可在其周围用钢凿将混凝土凿到适宜深度后，用气割割断，按规定的长度、直径尺寸及相同材质材料，加工后采用搭接焊上一段，并采取补强的措施，使其达到规定的位置和垂直度。

4.5 成果验收

成果验收是对实训的结果进行系统的检验和考查。主控项目内容及验收要求见表4-4，一般项目内容及验收要求见表4-5。

主控项目内容及验收要求

表 4-4

项目	项次	项目内容	规范编号	验收要求	检验方法	检查数量
钢材	1	钢材、钢铸件品种、规格	第 4.2.1 条	钢材、钢铸件的品种、规格、性能等应符合现行国家产品的标准和设计要求。进口钢材产品的质量应符合设计和合同规定标准的要求	检查质量合格证明文件、中文标志及检验报告等	全数检查
	2	钢材复检	第 4.2.2 条	对属于下列情况之一的钢材，应进行抽样复检，其复检结果应符合现行国家产品标准和设计要求。 （1）国外进口钢材； （2）钢材混批； （3）板厚大于或等于 40mm，且设计有 Z 向性能要求的钢材； （4）建筑结构安全等级为一级，大跨度钢结构中主要受力构件所采用的钢材； （5）设计有复验要求的钢材； （6）对质量有异义的钢材	检查复验报告	全数检查
焊接材料	1	焊接材料品种、规格	第 4.3.1 条	焊接材料的品种、规格性能等应符合现行国家产品标准和设计要求	检查焊接材料的质量合格证明文件、中文标志及检验报告	全数检查
	2	焊接材料复检	第 4.3.2 条	重要钢结构采用的焊接材料应进行抽样复验，复验结构应符合现行国家产品标准和设计要求	检查复验报告	全数检查

续表

项目	项次	项目内容	规范编号	验收要求	检验方法	检查数量
连接用紧固标准件	1	成品进场	第4.4.1条	钢结构连接用高强度大六角头螺栓连接副、扭转型高强度螺栓连接副、钢网架用高强度螺栓、普通螺栓、铆钉、自攻钉、拉铆钉、射钉、锚栓（机械型和化学试剂型）、地脚锚栓等紧固标准件及螺母、垫圈等标准配件，其品种、规格、性能等应符合现行国家产品标准和设计要求。高强度大六角头螺栓连接副和扭剪型高强度螺栓连接副出厂时应分别随箱带有扭矩系数和紧固轴力（预拉力）的检验报告	检查产品的质量合格证明文件、中文标志及检验报告等	全数检查
	2	扭矩系数	第4.4.2条	高强度大六角头螺栓连接副应按《钢结构工程施工质量验收规范》GB 50205—2001附录B的规定检验其扭矩系数，其检验结果应符合该规范的规定	检查复验报告	随机抽取，每批8套
	3	预拉力复验	第4.4.3条	扭剪型高强度螺栓连接副应按《钢结构工程施工质量验收规范》GB 50205—2001附录B的规定检验预拉力，其检验结果应符合该规范的规定	检查复验报告	随机抽取，每批8套
金属压型板	1	材料品种、规格	第4.8.1条	金属压型板及制造金属压型板所采用的原材料，其品种、规格、性能等应符合现行国家产品标准和设计要求	检查产品的质量合格证明文件、中文标志及检验报告等	全数检查
	2	成品品种、规格	第4.8.2条	压型金属泛水板、包角板和零配件的品种、规格以及防水密封材料的性能应符合现行国家产品标准和设计要求	检查产品的质量合格证明文件、中文标志及检验报告等	全数检查

一般项目内容及验收要求　　　　　　　　　　　　　　　　　表 4-5

项目	项次	项目内容	规范编号	验收要求	检验方法	检查数量
钢材	1	钢板厚度	第4.2.3条	焊接材料的品种、规格、性能等应符合现行国家产品标准和设计要求	用游标卡尺量测	每一品种、规格的钢板抽查5处
	2	型钢规格尺寸	第4.2.4条	型钢的规格尺寸及允许偏差符合其产品标准的要求	用钢尺和游标卡尺量测	每一品种、规格的型钢抽查5处
	3	钢材表面	第4.2.5条	钢材的表面外观质量除应符合有关产品标准的规定外，尚应符合下列规定： 1）当钢材的表面有锈蚀、麻点或划痕等缺陷时，其深度不得大于该钢材厚度负允许偏差值的1/2； 2）钢材表面的锈蚀等级应符合现行国家标准《涂装前钢材表面锈蚀等级和除锈等级》GB 8923规定的C级或C级以上； 3）钢材表面不应有分层、裂纹、结疤、折叠、气泡和夹渣等缺陷	观察检查	全数检查

续表

项目	项次	项目内容	规范编号	验收要求	检验方法	检查数量
焊接材料	1	焊钉及焊接瓷环	第4.3.3条	焊钉及焊接瓷环的规格、尺寸及偏差应符合现行国家标准《电弧螺柱焊用圆柱头焊钉》GB 10433—2002中的规定	用钢尺和游标卡尺测量	按量抽查1%，且不应少于10套
	2	焊条检查	第4.3.4条	焊条外观不应有药皮脱落、焊芯生锈等缺陷；焊剂不应受潮结块	观察检查	按量抽查1%，且不应少于10包
连接用紧固标准件	1	成品进场检验	第4.4.4条	高强度螺栓连接副，应按包装箱配套供货，包装箱上应标明批号、规格、数量及生产日期。螺栓、螺母、垫圈外观表面应涂油保护，不应出现生锈和脏污，螺纹不应损伤	观察检查	按包装箱数抽查5%，且不应少于3箱
压型板	1	压型金属板规格尺寸	第4.8.3条	压型金属板的规格尺寸及允许偏差、表面质量、涂层质量等应符合设计要求和《钢结构工程施工质量验收规范》GB 50205—2001的规定	观察和用10倍放大镜检查及尺量	每种规格抽查5%，且不应少于3件

在所有的基础底板安装完成后开始进行验收，部分验收内容见表4-6。

支撑面、地脚螺栓位置的允许偏差（mm） 表4-6

项目		允许偏差	实际偏差
基础上柱的定位轴线		≤3.0	
支承面	标高	±3.0	
	水平度	$l/1000$	
地脚螺栓	螺栓中心偏移	5.0	
	位移	2.0	
预留孔中心偏移		10.0	

4.6 总结评价

参照表4-7，对实训过程中出现的问题、原因以及解决方法进行回顾分析总结，并与实训小组的同学共同讨论，将思考和讨论结果填入表中。

实训总结表				表 4-7	
组号		小组成员		日期	

实训中的问题：

问题的原因：

问题解决方案：

实训体会：

4.7　拓展内容：钢结构柱脚节点及钢柱基础浇筑

4.7.1　钢结构柱脚节点

钢结构柱脚节点即钢柱与钢筋混凝土基础的连接节点，由于混凝土的强度远低于钢材强度，所以通常在钢柱底部焊接柱底板，以增加钢柱与基础的接触面积。根据受力特点可将柱脚节点分为铰接柱脚和刚接柱脚两类。

（1）铰接柱脚

仅传递竖向力和水平力而不能抵抗弯矩作用的柱脚称为铰接柱脚。铰接柱脚主要传递轴心压力，构造简单，省料省工，被广泛地用于轻钢门式刚架结构中，如图 4-2 所示。

（2）刚接柱脚

刚接柱脚可传递竖向力、水平力和弯矩，刚度好，结构内力分布比较均匀，一般用于吊车起重量大于 5t 的工业建筑或多高层钢结构中，如图 4-3 所示。刚接柱脚受弯矩、轴向压力和水平剪力共同作用，基础材料用料较多，且因弯矩比较大，对基础和地基要求较高，在地基条件较差时需慎用。

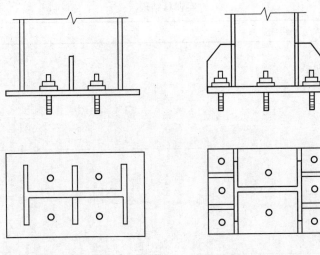

图 4-2　铰接柱脚　　　　　　　　图 4-3　刚接柱脚

图 4-4 为柱脚节点图纸实例，从该图纸可以识读出以下内容：

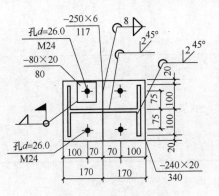

图 4-4　柱脚节点图纸实例

1）柱底板规格，即长度为 340mm，宽度为 240mm，厚度为 20mm 的钢板。

2）该钢柱为 H 型钢，与柱底板采用对接焊接连接，对接焊缝坡口形式为单边 V 形，深度为 2mm，开口角度为 45°。

3）在 H 型钢钢柱腹板中部两侧各焊接有一规格为 250mm×117mm×6mm 的加劲板，以增加柱脚节点局部稳定性。加劲板采用高度为 8mm 的对称角焊缝与柱底板焊接。

4）该柱脚节点采用 4 颗直径为 24mm 的地脚螺栓与基础相连，柱底板所开设地脚螺栓孔洞直径为 26mm，4 颗地脚螺栓均布置在钢柱两翼缘之间，该柱脚节点为铰接节点。在安装该柱脚节点左上角地脚螺栓时，需增加一规格为 80mm×80mm×20mm 的垫板，地脚螺栓紧固后，在施工现场将该垫板四边与柱底板应用角焊缝焊接。

4.7.2　钢柱基础浇筑

为保证地脚螺栓位置准确，施工时可用钢筋做固定架，将地脚螺栓安置在与基础模板分开的固定架上，然后浇筑混凝土。为保证基础顶面标高符合设计要求，可根据柱脚形式和施工条件，采用以下两种方法。

（1）一次浇筑法

也称为直埋法，在浇筑混凝土前，将螺栓定位，混凝土成型后，螺栓埋设好，如图 4-5 所示。混凝土一次浇筑成型，强度均匀，整体性强，抗剪强度

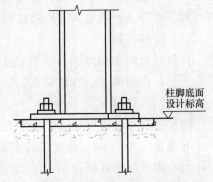

图 4-5　钢柱基础一次浇筑法

高。但如果螺栓定位出现误差，则处理相当繁琐，因此要求钢柱制作尺寸精准，且施工中保证细石混凝土与下层混凝土紧密结合。

（2）二次浇筑法

也称为后埋法，即将柱脚基础支承面混凝土分两次浇筑到设计标高。第一次浇筑到比设计标高低 40～60mm。待混凝土达到一定强度后，放置钢垫板并精确校准钢垫板的标高，然后吊装钢柱。当钢柱校正后，在柱脚板下浇筑细石混凝土，如图 4-6 所示。采用二次浇筑法，地脚螺栓有可靠的支撑点（已达到一定强度的基础混凝土），定位准确，不易出现误差，但第二次浇筑的混凝土硬化收缩后，易与原混凝土之间产生裂缝，降低基础整体抗剪强度。

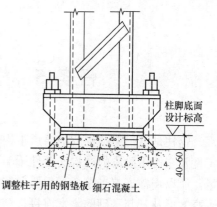

图 4-6　钢柱基础二次浇筑法

思　考　题

（1）在钢结构安装前，应对进场的构件进行哪些检验？

（2）对哪些钢材需要进行复检？

（3）垫铁一般放置在哪些位置？

（4）如何进行基础灌浆？

（5）地脚螺栓该如何纠偏？

任务5 框架钢柱安装

钢柱是钢框架结构的主要承重构件，钢柱的安装质量对整个框架在施工阶段的结构稳定性及在使用阶段的结构安全性影响重大，钢柱的安装误差也将影响后面梁、板的施工质量，所以钢柱安装是整个工程质量控制的关键。为了保证结构安全可靠，必须保证钢柱的垂直度以及其与基础的紧密连接。钢柱安装的整个流程比较复杂，检验过程也比较繁琐。图 5-1 为钢柱安装施工实训的照片。

图 5-1　钢柱安装

5.1　实训任务

在正确识读施工图的前提下，把钢柱按照图纸所示编号及方向安装到相应的位置。

5.2　实训目标

了解钢柱的受力特点；了解钢柱的截面形式及适用条件；了解钢柱的加工制作过程；理解压杆失稳的条件和原理；理解钢柱的构造要点和安装工艺；掌握钢柱施工质量检验的内容、标准及检验流程；掌握钢柱吊装的安全要点。

能根据施工图纸并查阅施工手册，熟练计算钢柱构件及部件的材料用量，制作材料表；能制定钢柱吊装及安装的施工方案；能够进行钢柱的吊装及安装；能够进行钢柱安装的位移、垂直度、标高调整；能够进行钢柱安装的施工质量检验；能够借助施工手册，解决施工中所遇到的问题；能制定并落实吊装施工的安全生产方案。

养成学生吃苦耐劳、团队合作的精神；养成学生分析问题和解决问题的综合素质；养成学生安全文明施工的工作习惯和精细操作的工作态度。

5.3 实训准备

5.3.1 知识准备

识读施工图纸（附图 1～附图 10），了解柱子安装位置、柱子的基本尺寸和细部构造。查阅教材及相关资料，回答表 5-1 中的问题，并填入所参考的相关资料名称和学习中所遇到的其他问题。根据实训分组，针对表中的问题分组进行讨论。

问题讨论记录表 表 5-1

组号		小组成员		日期	
问题		问题解答		参考资料	
1. 钢柱吊装的机械有哪些？该如何选择？					
2. 钢柱吊点的位置该如何设置？					
3. 钢柱的校正包含哪几项内容？					
4. 其他问题					

5.3.2 技术准备

根据实训施工图纸，在表 5-2 中列出准备进行安装的场地平面简图和相应的柱子编号，画出柱子安装的草图并标出绑扎点位置。描述整个钢柱安装的流程，写出质量控制要点和质量检验方法。在此基础上确定整个钢柱安装的施工方案，完成表 5-2。

钢柱安装方案 表 5-2

组号		小组成员		日期	
平面布置图和柱子的标号					
钢柱的施工草图，并标好绑扎点					
钢柱安装的流程					
质量控制要点及质量检验方案					

5.3.3 材料准备

根据结构施工图纸（附图 2～附图 10），可以计算框架结构各钢柱的材料用量。这里以柱 Z—1 为例，列出材料表见表 5-3。

钢柱 Z-1 的材料表　　　　　　　　　　　　　表 5-3

构件名称		框架柱（Z-1）		构件数量		1	总重量		73.3kg	
构件编号	部件编号	规格	长度(mm)	材质	数量	单重(kg)		总重(kg)	表面积(m²)	
Z-1	P-7	PL6×168	110	Q345B	2	0.9		1.8	0.04	
Z-1	P-10	H150×150×4.5×6	3188	Q345B	1	60.6		60.6	2.85	
Z-1	P-14	PL8×73	138	Q345B	4	0.6		2.4	0.02	
Z-1	P-17	PL6×50	80	Q345B	8	0.2		1.6	0.01	
Z-1	P-18	PL12×270	270	Q345B	1	6.9		6.9	0.16	

5.3.4　工具及防护用品准备

各组按照施工要求编制工具及防护用品清单见表 5-4。经指导老师检查核定后，方可领取工具，各组领出的工具要有编号，并对领出的物品进行登记和经手人签名。机具等用品运到实训现场，应做清点。领取的工具及防护用品应经过严格检查，禁止使用不符合规范要求的工具及防护用品。

实训工具及防护用品计划表　　　　　　　　　　　　表 5-4

序号	名称	规格	单位	数量	备注
1	电子经纬仪	DJ₆	台	1	组长负责领、收
2	自动安平水准仪	DS₃	台	1	组长负责领、收
3	扭矩型电动扳手	300NM	把	1	用于高强度螺栓的初拧
4	扭剪型电动扳手	800NM	把	1	用于高强度螺栓的终拧
5	钢丝刷	铁皮底座	把	1	用于清除摩擦面的浮锈、油污等
6	手工扳手	8寸	把	2	用于普通螺栓的初拧、终拧
7	锤子	0.5kg	把	2	组长负责领、收
8	钢卷尺	5m	卷	2	组长负责领、收
9	手拉葫芦	5t	个	1	组长负责领、收
10	钢丝绳	现场定	根	2	组长负责领、收
11	吊钩	现场定	个	4	组长负责领、收
12	千斤顶	现场定	个	1	各小组公用
13	安全帽	《安全帽》GB 2811—2007	顶	每人1顶	—
14	防护手套	《针织民用手套》FZ/T 73047—2013	双	每人1双	—

5.3.5　注意事项

（1）每组派一人管理工具，禁止在施工现场打闹、吸烟。

（2）进入施工现场务必穿好工作服、戴好安全帽。

（3）起吊过程前必须检查是否绑扎牢靠，起吊过程中，设立警戒线，并树立明显的警戒标志，禁止非工作人员通行。

5.4　实训操作

5.4.1　施工检查

（1）钢柱安装质量和工效与混凝土柱基和地脚螺栓的定位轴线、基础标高直接有关，混凝土基础必须经验收合格后才可以进行钢柱连接。

（2）采用螺栓连接钢结构和钢筋混凝土基础时，预埋螺栓应符合施工方案规定：预埋螺栓标高偏差在±5.0mm以内，定位轴线的偏差应在±2.0mm以内。

（3）应认真做好基础支承平面，准确达到标高，正确垫放垫铁。垫铁的位置及分布应正确，具体垫法应根据钢柱底座板受力面积大小确定，应垫在钢柱中心及两侧受力集中部位或靠近地脚螺栓的两侧。二次灌浆工作应采用无收缩、微膨胀的水泥砂浆。避免基础标高超差，影响钢梁安装水平度的超差。

5.4.2　标高观测点及中心线设置

钢柱安装前应设置标高观测点和中心线标志，同一工程的观测点和标志设置位置应当一致，并应符合下列规定：

（1）钢柱标高观测点的设置以牛腿支承面为基准。

（2）无牛腿钢柱应以柱顶端与梁连接的最上一个安装孔中心为基准。

（3）中心线标志的设置应在柱底板上表面的上行线方向设一个中心标志，列线方向两侧各设一个中心标志；在柱身表面上行线和列线方向各设一个中心线，每条中心线在柱底部、中部和顶部各设一处中心标志。

5.4.3　钢柱吊装

（1）钢柱吊装施工中为了防止钢柱根部在起吊过程中变形，钢柱吊装一般采用双机抬吊，主机吊在钢柱上部，辅机吊在钢柱根部，待钢柱根部离地一定距离（约2m左右）后，辅机停止起钩，主机继续起钩和回转，直至把钢柱吊直后，将辅机松钩。为了保证吊装时索具安全，吊装钢柱时，应设置吊耳，吊耳应基本通过钢柱重心的铅垂线。

（2）钢柱安装属于竖向垂直吊装，为使吊起的钢柱保持下垂，便于就位，需根据钢柱的种类和高度确定绑扎点。具有牛腿的钢柱，绑扎点应靠牛腿下部，无牛腿的钢柱按其高度比例，绑扎点设在钢柱全长 2/3 的上方位置。为了防止钢柱边缘的锐利棱角，在吊装时损伤吊绳，应用适宜规格的钢管割开一条缝，套在棱角吊绳处，或用方形木条垫护，注意绑扎牢固，并易于拆除。

（3）钢柱柱脚套入地脚螺栓，为了防止其损伤螺纹，应用铁皮卷成筒套到螺栓上。钢柱就位后，撤除套筒。

（4）为避免吊起的钢柱自由摆动，应在柱底上部（图 5-2）用麻绳绑好，作为牵制溜绳的调整方向。吊装前的准备工作就绪后，首先进行试吊，吊起一端高度为 100～200mm 时应停吊，检查索具牢固和吊车稳定性。安装基础时，可指挥吊车缓慢下降，当柱距

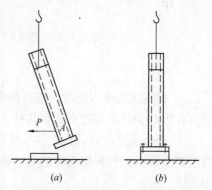

图 5-2　钢柱吊装示意图
（a）就位前；（b）就位后

离基础位置 40～100mm 时，根据基础基准线调整钢柱至准确位置，指挥吊车下降就位，并拧紧基础的全部螺栓与螺母，临时将钢柱加固，达到安全方可摘除吊钩。

5.4.4 钢柱校正

钢柱的校正工作一般包括平面位置、标高及垂直度这三个内容。而其中最主要的工作是校正垂直度和复查标高。

（1）经纬仪测量

校正钢柱垂直度需用两台经纬仪观测，如图 5-3 所示。首先，将经纬仪放在钢柱一侧，使纵中丝对准钢柱座的基线，然后固定水平度盘的各螺钉。由下而上观测钢柱的中心线，若纵中丝对准，即是钢柱垂直；没有对准则需调整钢柱，直到对准经纬仪纵中丝为止。

以同样的方法测横线，使钢柱另一面中心线垂直于基线横轴。钢柱准确定位后，即可对钢柱进行临时固定工作。

（2）垫铁校正法

垫铁校正法是指用经纬仪或吊线锤进行检验，当钢柱出现偏差时，在底部空隙处塞入铁片或在柱脚和基础之间打入钢楔子，以增减垫板厚度。

① 采用此法校正时，钢柱位移偏差多用千斤顶校正，即标高偏差可用千斤顶将底座少许抬高，然后增减垫板厚度使达到设计要求。

② 钢柱校正和调整标高时，垫不同厚度垫铁或偏心垫铁的重叠数量不应多于 2 块，一般要求厚板在下薄板在上。每块垫板要求伸出柱底板外 5～10mm，以备焊成一体，保证柱底板与基础板平稳牢固结合，如图 5-4 所示。

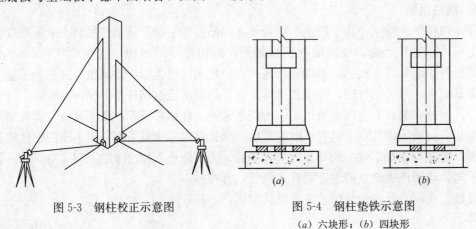

图 5-3　钢柱校正示意图　　　　图 5-4　钢柱垫铁示意图
　　　　　　　　　　　　　　　　　　（a）六块形；（b）四块形

③ 校正钢柱垂直度时，应以纵横轴线为准，先找正并固定两端边柱作为样板柱，然后以样板柱为基准来校正其余各柱。

④ 调整垂直度时，垫放的垫铁厚度应合理，否则垫铁的厚度不均，也会造成钢柱垂直度产生偏差。可根据钢柱的实际倾斜数值及其结构尺寸，用下式计算所需增、减垫铁的厚度：

$$\delta = \frac{\Delta S \cdot B}{2L}$$　　　　　　　　　　　（5-1）

式中　δ——垫板厚度调整值（mm）；

　　ΔS——柱顶倾斜的数值（mm）；

　　B——柱底板的宽度（mm）；

　　L——柱身高度（mm）。

⑤ 垫板之间的距离要以柱底板的宽为基准，要做到合理恰当，使柱体受力均匀，避免柱底板局部压力过大产生变形。

5.5　成果验收

成果验收是对实训的结果进行系统的检验和考查。在所有的基础底板安装完成后开始进行验收，部分验收内容见表5-5。

单层钢结构中柱子安装的允许偏差（mm）　　　　　表 5-5

项　目	检验方法	允许偏差	实际偏差
柱脚底座中心线对定位轴线的偏移	用吊绳或钢索检查	5.0	
柱基准点标高	用水准仪检查	±3.0	
弯曲矢高	用经纬仪或拉绳和钢尺检查	$H/1200$，且不应大于 15.0	
柱轴线的垂直度	用经纬仪或拉绳和钢尺检查	$H/1000$	
底层柱柱底轴线对定位轴线偏移	用钢尺检查	3.0	
柱子定位轴线	用钢尺检查	1.0	

注：H 为柱子总高度。

5.6　总结评价

参照表5-6，对实训过程中出现的问题、原因以及解决方法进行回顾分析总结，并与实训小组的同学共同讨论，将思考和讨论结果填入表中。

实训总结表　　　　　表 5-6

组号		小组成员		日期	
实训中的问题：					
问题的原因：					
问题解决方案：					
实训体会：					

5.7 拓展内容：钢柱起吊方法

钢柱起吊方法的选择与钢柱类型、钢材尺寸及重量、起吊设备、现场条件等因素有关。常用的起吊方法主要有旋转法、滑行法及递送法三种。

5.7.1 旋转法

旋转法一般将起吊点设置在钢柱重心上方，钢柱根部着地，起重机起钩的同时进行旋转，使钢柱绕柱脚进行旋转，如图 5-5 所示。为防止柱脚与地面摩擦，需在地面上放置垫木以保护柱脚。

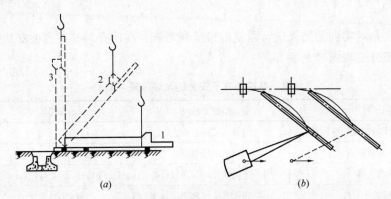

图 5-5　钢柱单机旋转法示意图
(a) 起吊过程；(b) 平面布置

5.7.2 滑行法

滑行法采用单机或双机抬升钢柱，起重机只起钩，起重臂不转动，并在钢柱底面铺设滑行道，使柱顶随起重机的上升而上升，柱脚随起重机的上升而滑行，如图 5-6 所示。一般用于质量较大、长度较长的钢柱，或起重机回旋半径不足，现场场地紧张无法满足旋转法的情况。

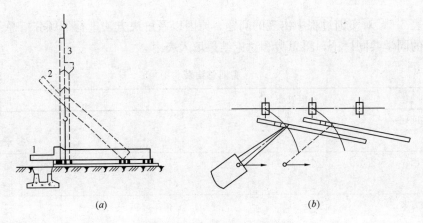

图 5-6　钢柱单机滑行法示意图
(a) 起吊过程；(b) 平面布置

5.7.3 递送法

递送法采用双机或三机抬吊，为减少钢柱脚与地面的摩擦力，其中一台为副机，副机吊点选择在钢柱下方，起吊时配合主机起钩，随着主机的起吊，副机要行走或回转。在递送过程中，副机承担了一部分荷载，将柱脚递送到柱基础上面，副机摘钩，卸除荷载，此刻主机满载，钢柱就位，如图5-7所示。

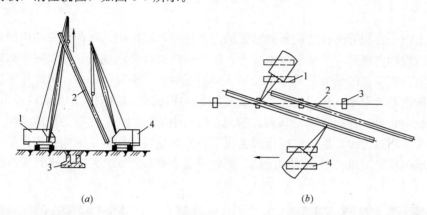

(a)　　　　　　　　　　　　　(b)

图 5-7　钢柱双机递送法示意图

(a) 起吊过程；(b) 平面布置

5.7.4 双机或多机起吊注意事项

(1) 尽量选用同类型起重机。

(2) 根据起重机能力，对起吊点进行荷载分配。

(3) 各起重机的荷载不宜超过其相应起重能力的80%。

(4) 多机起吊时，在操作过程中，要互相配合，动作协调。

思　考　题

(1) 若采用螺栓连接钢结构和钢筋混凝土基础时，预埋地脚螺栓施工时应符合哪些规定？

(2) 如何选择钢柱观测点？

(3) 钢柱的绑扎点该如何确定？

(4) 钢柱的校正工作一般包括哪些内容？

(5) 钢柱固定安装完成后，应当怎么进行验收？

任务 6　框架柱间支撑安装

柱间支撑是在相邻两柱之间斜向布置的连系杆件，其作用是保证建筑结构的整体稳定性，提高结构侧向刚度，传递纵向水平力。由于钢结构材料强度高，在相同的结构布置及荷载情况下，框架柱的截面若采用钢结构比采用混凝土结构要小得多。因此柱子稳定性问题在钢结构中尤为重要。柱间支撑一般设置在纵向钢框架的两端，并按 30～40m 的间距沿建筑物纵向布置。柱间支撑与其相连的两榀横向刚架形成一个完整的稳定结构，在施工阶段或正常使用过程中，能通过屋面檩条或系杆为其他榀刚架提供纵向稳定保障，因此柱间支撑的准确安装对维护整体结构的稳定影响至关重要。图 6-1 为安装柱间支撑施工实训的照片。

图 6-1　安装柱间支撑

6.1　实训任务

在完成钢柱安装的基础上，根据框架立面布置图完成柱间支撑的安装和验收，为框架梁的安装做准备。

6.2　实训目标

了解柱间支撑的受力原理及其作用；了解柱间支撑的种类和适用条件；熟练掌握柱间支撑的安装工艺及流程；熟悉柱间支撑安装的安全技术要求；掌握斜撑的构造要求；掌握柱间支撑设置位置及安装要求；掌握柱间支撑质量检验方法及要求；掌握柱间支撑的质量

验收要求。

能根据施工图纸并查阅施工手册，熟练计算柱间支撑构件及部件的材料用量，制作材料表；能制定合理的柱间支撑安装施工方案；能够进行柱间支撑安装施工；能够进行柱间支撑的质量检验及验收；能够借助于施工手册，解决施工中所遇到的问题。

养成学生吃苦耐劳、团队合作的精神；养成学生分析问题和解决问题的综合素质；养成学生安全文明施工的工作习惯和精细操作的工作态度。

6.3　实训准备

6.3.1　知识准备

识读施工图纸（附图 1、附图 12）了解柱间支撑的安装位置和数量。查阅教材及相关资料，回答表 6-1 中的问题，并填入所参考的相关资料名称和学习中所遇到的其他问题。根据实训分组，针对表中的问题分组进行讨论。

问题讨论记录表

表 6-1

组号		小组成员		日期	
问题		问题解答		参考资料	
1. 柱间支撑在钢框架结构中该如何布置？					
2. 柱间支撑的花篮螺栓有何作用？					
3. 支撑与刚架的连接处为什么要做成圆弧状？					
4. 其他问题					

6.3.2　技术准备

根据实训施工图纸，在表 6-2 中列出柱间支撑布置的位置、安装步骤和方法，最后写出质量控制要点和质量检验方案。在此基础上确定整个柱间支撑安装的方案，完成表 6-2。

柱间支撑安装方案

表 6-2

组号		小组成员		日期	
通过立面图在现场确定安装位置					
柱间支撑安装的步骤和方法					
质量控制要点及质量检验方案					

6.3.3 材料准备

根据结构施工图纸（附图 12），可以计算钢柱柱间支撑的材料用量，列出材料表。柱间支撑 ZC-1 的材料表见表 6-3，柱间支撑 ZC-2 的材料表见表 6-4。

钢柱柱间支撑 ZC-1 的材料表 表 6-3

构件名称		框架梁		构件数量	2	总重量	7.2kg	
构件编号	部件编号	规格	长度（mm）	材质	数量	单重（kg）	总重（kg）	表面积（m²）
ZC-1	P-5	PL6×60	130	Q345B	2	0.4	0.8	0.02
	P-8	D12	3535	Q345B	1	2.8	2.8	0.13
合计							3.6	0.15

钢柱柱间支撑 ZC-2 的材料表 表 6-4

构件名称		框架梁		构件数量	2	总重量	6.0kg	
构件编号	部件编号	规格	长度（mm）	材质	数量	单重（kg）	总重（kg）	表面积（m²）
ZC-2	P-5	PL6×60	130	Q345B	2	0.4	0.8	0.02
	P-9	D12	2766	Q345B	1	2.2	2.2	0.10
合计							3.0	0.12

6.3.4 工具及防护用品准备

各组按照施工要求编制工具及防护用品清单见表 6-5。经指导老师检查核定后，方可领取工具，各组领出的工具要有编号，并对领出的物品进行登记和经手人签名。机具等用品运到实训现场，应做清点。领取的工具及防护用品应经过严格检查，禁止使用不符合规范要求的工具及防护用品。

实训工具及防护用品计划表 表 6-5

序号	名称	规格	单位	数量	备注
1	电子经纬仪	DJ$_6$	台	1	组长负责领、收
2	自动安平水准仪	DS$_3$	台	1	组长负责领、收
3	扭矩型电动扳手	300NM	把	1	用于高强度螺栓的初拧
4	扭剪型电动扳手	800NM	把	1	用于高强度螺栓的终拧
5	钢丝刷	铁皮底座	把	1	用于清除摩擦面的浮锈、油污等
6	手工扳手	8寸	把	2	用于普通螺栓的初拧、终拧
7	锤子	0.5kg	把	2	组长负责领、收
8	钢卷尺	5m	卷	2	组长负责领、收
9	手拉葫芦	5t	个	1	组长负责领、收
10	钢丝绳	现场定	根	2	组长负责领、收

序号	名称	规格	单位	数量	备注
11	吊钩	现场定	个	4	组长负责领、收
12	千斤顶	现场定	个	1	各组公用
13	安全帽	《安全帽》GB 2811—2007	顶	每人 1 顶	—
14	防护手套	《针织民用手套》FZ/T 73047—2013	双	每人 1 双	—

6.3.5 注意事项

（1）进入施工现场务必穿好工作服、戴好安全帽。

（2）安装时要确定把螺栓拧紧。

（3）安装后必须进行质量合格验收。

6.4 实训操作

先根据两个工程立面图，了解柱间支撑布置的位置，以确保安装到了正确的位置。在看完立面图之后再看构件图，使构件与图例逐一对应，然后再开始安装。图 6-2 为柱间支撑布置图，图 6-3 为柱间支撑构件详图。

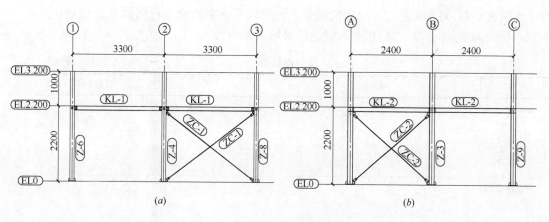

图 6-2 柱间支撑布置图

（a）①～③轴立面图；（b）Ⓐ～Ⓒ轴立面图

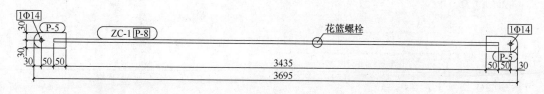

图 6-3 柱间支撑斜杆详图

45

支撑与柱的连接一般采用焊接连接或高强度螺栓连接。焊接连接时要保证焊缝厚度不小于 6mm，焊缝长度不小于 80mm，为安装方便，还会在安装节点处的每一支撑杆件的端部设有两个安装螺栓。也就是一般要在主梁以下柱的侧边先接上一块连接板，然后在板上焊接或螺栓连接支撑。

花篮螺栓是在安装完成后，通过旋转进行调节，并控制其松紧程度。

6.5　成果验收

成果验收是对实训的结果进行系统的检验和考查。在所有的柱间支撑安装完成后开始进行验收，验收部分内容可见表 6-6。

柱间支撑安装的允许偏差（mm）　　　　　　　　　　　　表 6-6

项　目	允许偏差	实际偏差
侧向弯曲矢高	$l/1000$ 且不应大于 10.0	

6.6　总结评价

参照表 6-7，对实训过程中出现的问题、原因以及解决方法进行回顾分析总结，并与实训小组的同学共同讨论，将思考和讨论结果填入表中。

实训总结表　　　　　　　　　　　　表 6-7

组号		小组成员		日期	
实训中的问题：					
问题的原因：					
问题解决方案：					
实训体会：					

6.7　拓展内容：高强度螺栓的安装

高强度螺栓从性能等级上可分为8.8级和10.9级。根据其受力特征可分为：摩擦型高强度螺栓与承压型高强度螺栓两类。根据螺栓构造及施工方法不同，可分为大六角头高强度螺栓与扭剪型高强度螺栓两类，如图6-4和图6-5所示。

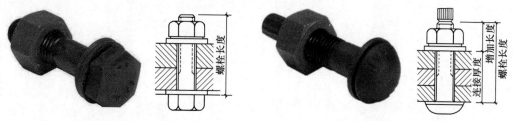

图6-4　大六角头高强度螺栓　　　　图6-5　扭剪型高强度螺栓

6.7.1　大六角头高强度螺栓的安装

大六角头高强度螺栓紧固时常采用扭矩法和转角法两种方法。

（1）扭矩法

扭矩法是根据施加在螺母上的紧固扭矩与导入螺栓中的预拉力之间有一定关系的原理，以控制扭矩来控制预拉力的方法。常用规格螺栓（M20、M22、M24）的初拧扭矩一般为200～300N·m，螺栓轴力达到10～50kN即可，在实际操作中，可以让一个操作工用普通扳手手工拧紧即可。根据计算确定的施工扭矩，使用扭矩电动扳手按施工扭矩值进行终拧。

（2）转角法

转角法施工，即利用螺母旋转角度以控制螺杆弹性伸长量来控制螺栓轴向力的方法。高强度螺栓转角法施工分初拧和终拧两步进行（必要时需增加复拧），初拧的要求比扭矩法施工要严，对于常用螺栓（M20、M22、M24）初拧扭矩定在200～300N·m比较合适，原则上应该使连接板缝密贴为准；终拧是在初拧的基础上，再将螺母拧转一定角度，使螺栓轴向力达到施工预拉力。

6.7.2　扭剪型高强度螺栓的安装

扭剪型高强度螺栓连接副的紧固施工，正常情况采用专用的电动扳手进行终拧，梅花头拧掉即标志终拧的结束，对检查人员来说也很直观明了，只要检查梅花头掉没掉就可以了。

扭剪型高强度螺栓连接副的初拧扭矩可适当加大，一般初拧螺栓轴力可以控制在螺栓终拧轴力值的50%～80%，对常用规格的高强度螺栓（M20、M22、M24）初拧扭矩可以控制在400～600N·m。若用转角法初拧，初拧转角控制在45°～75°，一般以60°为宜。

思　考　题

（1）柱间支撑的作用有哪些？

（2）钢结构柱间支撑布置有哪些要求？

（3）柱间支撑与钢柱采用焊接连接时需注意哪些要点？

（4）柱间支撑中的花篮螺栓有何作用？

（5）柱间支撑安装时其侧向弯曲矢高的允许偏差是多少？

任务7 框架钢梁安装

框架中的钢梁除了直接承受楼屋盖的荷载并将其传递给钢柱外，还可与钢柱形成梁柱抗侧力体系，共同抵抗风荷载和地震等水平方向的作用。在安装柱与柱之间的主梁时，须测量跟踪校正柱与柱之间的距离，并预留一定的安装余量。钢梁一般为高空吊装，存在着较大的安全风险，极易发生意外，所以钢梁安装也是施工安全管理的重点。图7-1为钢梁安装施工实训照片。

图 7-1　钢梁安装

7.1　实训任务

通过识读施工图纸，按照图纸的设计把钢梁安装到柱间，并且在安装完成后对安装质量进行检查。

7.2　实训目标

了解钢梁的作用；了解钢梁的种类和适用条件；了解钢梁的加工制作过程；理解钢梁的构造要点和安装工艺；熟悉钢梁安装的安全技术要求；掌握钢梁的构造要求；掌握钢梁吊装的安全要点。

能根据施工图纸并查阅施工手册，熟练计算钢梁构件及部件的材料用量，制作材料表；能制定钢梁吊装及安装的施工方案；能够进行钢梁的安装；能进行钢梁安装的质量检验及验收；能够借助施工手册，解决施工中所遇到的问题；能制定相应的施工安全措施。

养成学生吃苦耐劳、团队合作的精神；养成学生分析问题和解决问题的综合素质；养成学生安全文明施工的工作习惯和精细操作的工作态度。

7.3 实训准备

7.3.1 知识准备

识读施工图纸（附图 1、附图 11），明确框架钢梁的安装位置。查阅教材及相关资料，回答表 7-1 中的问题，并填入所参考的相关资料名称和学习中所遇到的其他问题。根据实训分组，针对表中的问题分组进行讨论。

问题讨论记录表 表 7-1

组号		小组成员		日期	
问题		问题解答		参考资料	
1. 钢梁吊装的机械有哪些？该如何选择？					
2. 钢梁一般如何进行绑扎？					
3. 钢梁的校正包含哪几项内容？					
4. 其他问题					

7.3.2 技术准备

根据实训施工图纸，在表 7-2 中列出准备进行安装的场地平面简图和相应的钢梁编号，画出钢梁安装的草图并标出绑扎点位置。描述整个钢梁安装的流程，写出质量控制要点和质量检验方法。在此基础上确定整个钢梁安装的施工方案，完成表 7-2。

钢梁工作方案 表 7-2

组号		小组成员		日期	
平面布置图和钢梁的标号					
钢梁的施工草图，并标好绑扎点					
钢梁安装的流程					
质量控制要点及质量检验方案					

7.3.3 材料准备

根据结构施工图纸附图 11，可以计算框架梁的材料用量，列出材料表。框架梁 KL-1 的材料表见表 7-3，框架梁 KL-2 的材料表见表 7-4。

框架梁 KL-1 的材料表　　　　表 7-3

构件名称		框架梁		构件数量	6	总重量		268.2kg
构件编号	部件编号	规格	长度(mm)	材质	数量	单重(kg)	总重(kg)	表面积(m²)
KL-1	P-12	L12.6	3140	Q345B	1	44.7	44.7	1.59
合计							44.7	1.59

框架梁 KL-2 的材料表　　　　表 7-4

构件名称		框架梁		构件数量	6	总重量		205.8kg
构件编号	部件编号	规格	长度(mm)	材质	数量	单重(kg)	总重(kg)	表面积(m²)
KL-2	P-13	L12.6	2230	Q345B	1	31.7	31.7	1.13
	P-16	PL10×110	150	Q345B	2	1.3	2.6	0.04
合计							34.3	1.17

7.3.4　工具及防护用品准备

各组按照施工要求编制工具及防护用品清单见表 7-5。经指导老师检查核定后，方可领取工具，各组领出的工具要有编号，并对领出的物品进行登记和经手人签名。机具等用品运到实训现场，应做清点。领取的工具及防护用品应经过严格检查，禁止使用不符合规范要求的工具及防护用品。

实训工具及防护用品计划表　　　　表 7-5

序号	名称	规格	单位	数量	备注
1	电子经纬仪	DJ₆	台	1	组长负责领、收
2	自动安平水准仪	DS₃	台	1	组长负责领、收
3	扭矩型电动扳手	300NM	把	1	用于高强度螺栓的初拧
4	扭剪型电动扳手	800NM	把	1	用于高强度螺栓的终拧
5	钢丝刷	铁皮底座	把	1	用于清除摩擦面的浮锈、油污等
6	手工扳手	8寸	把	2	用于普通螺栓的初拧、终拧
7	手摇卷扬机	JK5	台	1	各组公用
8	钢丝绳	现场定	根	2	组长负责领、收
9	吊钩	现场定	个	4	组长负责领、收
10	千斤顶	现场定	台	1	各组公用
11	安全帽	《安全帽》GB 2811—2007	顶	每人1顶	—
12	防护手套	《针织民用手套》FZ/T 73047—2013	双	每人1双	—

7.3.5　注意事项

（1）每组派一人管理工具，禁止在施工现场打闹、吸烟。

（2）进入施工现场务必穿好工作服、戴好安全帽。

（3）起吊过程前必须检查是否绑扎牢靠，起吊过程中，设立警戒线，并树立明显的警戒标志，禁止非工作人员通行。

7.4 实训操作

7.4.1 安装前的检查

（1）检查定位轴线。

（2）复测梁纵横轴线。安装前，应对梁的纵横轴线进行复测和调整。钢柱的校正应把有柱间支撑的作为标准排架认真对待，从而控制其他柱子纵向的垂直偏差和竖向构件吊装时的累积误差；在已吊装完的柱间支撑和竖向构件的钢柱上复测梁的纵横轴线，并进行调整。

（3）调整柱子的标高。先用水准仪测出每根钢柱上原先弹出的±0.000基准线在柱子校正后的实际变化值，然后去调整柱子的高度。

7.4.2 钢梁的绑扎

（1）钢梁用起重机起吊时一般绑扎两点。绑扎时吊索应等长，绑扎点左右对称。

（2）若钢梁设置有吊环，可用带钢钩的吊索直接钩住吊环起吊；若未设置吊环，则在绑扎时，应在梁端靠近支点处，用轻便吊索配合卡环绕梁下部左右对称绑扎，或用工具式吊耳吊装。

7.4.3 钢梁的起吊与就位

（1）钢梁的吊装须在柱子最后固定、柱间支撑安装后进行。

（2）接近钢梁安装位置时，需调整钢梁，使钢梁中心对准安装中心进行安装，可由一端向另一端、或从中间向两端顺序进行。

（3）当钢梁吊至离设计位置20cm时，用人力扶正，使梁中心线与柱子中心线对准，然后用螺栓安装好。

7.5 成果验收

成果验收是对实训的结果进行系统的检验和考查。在所有的基础底板安装完成后开始进行验收，部分验收内容见表7-6。

单层钢结构中梁安装的允许偏差（mm）　　　　　　　　　　表7-6

项　目	检验方法	允许偏差	实际偏差
梁的跨中的垂直度 Δ	用吊绳和钢尺检查	$h/500$	
垂直上拱矢高	用拉线和钢尺检查	10.0	
侧向弯曲矢高	用拉线和钢尺检查	$l/1200$，且不应大于10.0	
同跨间支座处同一横截面吊车梁顶面高差 Δ	用经纬仪、水准仪和钢尺检查	10.0	

注：h 为梁横截面的高度；l 为梁的总长。

7.6　总结评价

参照表 7-7，对实训过程中出现的问题、原因以及解决方法进行回顾分析总结，并与实训小组的同学共同讨论，将思考和讨论结果填入表中。

实训总结表　　　　　　　　　　　　　　　　　　　　　　　表 7-7

组号		小组成员		日期	
实训中的问题：					
问题的原因：					
问题解决方案：					
实训体会：					

7.7　拓展内容：钢结构连接方式

钢结构的节点连接对整体建筑性能影响至关重要，而节点也是最易发生破坏的地方。因此在钢结构设计时，需慎重选择节点连接形式及节点布置位置。钢结构常见的节点连接方式主要有焊缝连接、螺栓连接及铆钉连接，如图 7-2 所示。

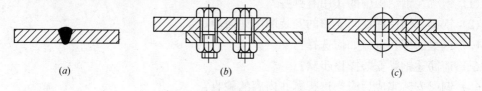

图 7-2　钢结构节点连接形式
(a) 焊缝连接；(b) 螺栓连接；(c) 铆钉连接

7.7.1　焊缝连接

钢结构中的焊缝连接，主要采用电弧焊（即在构件连接处，借电弧产生的高温，将置于焊缝部位的焊条或焊丝金属熔化，而使构件连接在一起）。焊缝连接优点是不削弱构件截面，节省钢材；焊件间可直接焊接，构造简单，加工简便，连接的密封性好，刚度大；易于采用自动化生产。焊缝连接不足是：焊接结构中不可避免地产生残余应力和残余变形，对结构的工作产生不利的影响；在焊缝的热影响区内钢材的金相组织发生改变，导致局部材质变脆；焊接结构对裂纹很敏感，一旦局部发生裂纹，便有可能迅速扩展到整个截面，尤其是低温下更易发生脆裂；焊缝质量的好坏较多地依赖焊工的技能水平。

7.7.2 螺栓连接

普通螺栓连接使用最早，约从 18 世纪中叶开始。螺栓连接可分为普通螺栓连接和高强度螺栓连接两种。螺栓连接需对连接构件预先开孔，对构件截面有一定削弱，有时还须增设辅助连接件。拼装和安装时需对孔，将会增加一定工作量，且对制造的精度要求较高。但螺栓连接具有易于安装，施工进度和质量容易保证，方便拆装维护等优点，目前仍是钢结构连接的重要方式之一。

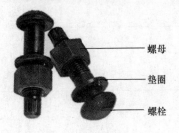

螺母
垫圈
螺栓

图 7-3　普通螺栓

（1）普通螺栓

钢结构普通螺栓连接是由螺栓、螺母和垫圈三部分组成的，如图 7-3 所示。按照普通螺栓的形式，可将其分为六角头螺栓、双头螺栓和地脚螺栓等。

（2）高强度螺栓

高强度螺栓是钢结构工程中发展起来的一种新型连接形式，它已发展成为当今钢结构连接的主要手段之一，在高层钢结构中已成为主要的连接件。高强度螺栓是用优质碳素钢或低合金钢材料制成的一种特殊螺栓，由于螺栓的强度高，故称高强度螺栓。高强度螺栓连接具有安装简便、迅速、能装能拆和承压高、受力性能好、安全可靠等优点。

7.7.3 铆钉连接

铆钉连接需要先在构件上开孔，用加热的铆钉进行铆合，有时也可用常温的铆钉进行铆合，但需要较大的铆合力。铆钉连接由于工艺复杂、噪声大、劳动条件差及用钢量大等原因，现在很少采用。但是，铆钉连接传力可靠，韧性和塑性较好，质量易于检查，对经常受动力荷载作用、荷载较大和跨度较大的结构，有时仍然采用铆接结构。

思　考　题

（1）钢梁在钢结构中的作用有哪些？

（2）钢梁、钢柱和柱间支撑的安装顺序如何确定？

（3）钢梁的绑扎点该如何选择？

（4）请简述钢梁安装操作步骤。

（5）钢梁安装完成后应当进行哪些内容的验收？

任务 8　框架楼盖压型钢板安装

压型钢板是以冷轧薄钢板为基板，经镀锌或镀锌后覆以彩色涂层再经辊弯成型的波形板材。根据不同使用功能要求，压型钢板可压成波形、双曲波形、肋形、V 形、加劲型等。压型钢板具有单位重量轻、强度高、抗震性能好、施工快速、外形美观等优点，是良好的建筑材料和构件，主要用于围护结构、楼板，也可用于其他构筑物。在钢框架结构中压型钢板一般作为楼板来使用，并在其上方浇筑一层混凝土形成压型钢板混凝土组合楼板，与下方钢梁通过抗剪栓钉相连接。图 8-1 为压型钢板安装施工实训的照片。

图 8-1　压型钢板安装

8.1　实训任务

本节实训是在梁、柱、满堂脚手架已经完工的情况下，通过阅读施工图纸完成压型钢板的施工。

8.2　实训目标

了解压型钢板的种类、构造；了解压型钢板混凝土组合楼板的工作原理；了解钢筋和栓钉的作用、布置与构造要求；掌握压型钢板的放样、加工、安装流程；掌握压型钢板的施工技术要求。

能够根据施工图纸，计算压型钢板材料用量；能够结合施工现场实际，制定合理的压型钢板施工方案；能够进行压型钢板的铺设、安装工作；能够进行压型钢板安装质量检验；能够借助于施工手册，解决施工中所遇到的问题。

培养学生严肃认真的工作态度，保持施工现场文明整洁；培养学生严谨踏实的工作作风，保证施工质量准确可靠；培养学生团结合作的工作氛围，保证施工过程安全顺畅。

8.3 实训准备

8.3.1 知识准备

识读施工图纸（附图13），查阅教材及相关资料，回答表8-1中的问题，并填入所参考的相关资料名称和学习中所遇到的其他问题。根据实训分组，针对表中的问题分组进行讨论。

问题讨论记录表 表 8-1

组号		小组成员		日期	
问题		问题解答		参考资料	
1. 压型钢板板材的选用原则有哪些？					
2. 压型钢板有哪些构造要求？					
3. 压型钢板有哪些防腐措施？					
4. 其他问题					

8.3.2 技术准备

对小组讨论得出的结果进行总结和分析后，根据实训施工图纸（附图13），各组分别制定各自的组合板的搭设方案、质量检测方法，绘制各自的组合板安装简图。并填于表8-2，进行展示和介绍，每小组展示时，其他组可进行提问、讨论等。通过讨论交流与教师点评，全体学生选出最优的组合板搭设方案。

工作任务表 表 8-2

组号		小组成员		日期	
压型钢板的剖面图、平面图					
压型钢板施工的流程					
质量控制方案及检查方法					

8.3.3 材料准备

图8-2为压型钢板的布置图，应识读的内容有：

（1）了解楼层压型钢板型号、长度、数量、方向，本实训项目中采用的压型钢板型号为 YX-51-305-915，长度为 4930mm，板厚度为 1mm，数量为 8 块。

（2）了解栓钉布置位置、方式、间距及数量。

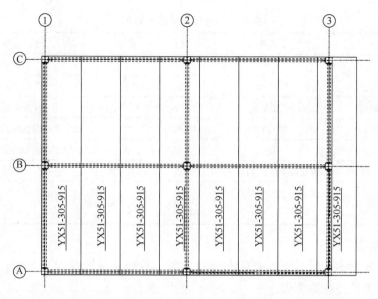

图 8-2　压型钢板布置图

图 8-3 为楼盖侧面边缘压型钢板边模节点的构造详图，应识读的内容有：

（1）了解楼盖边缘压型钢板与下方钢梁连接方式，若采用焊接，则需了解焊接类型、焊缝长度、焊缝尺寸等。

（2）本图中压型钢板与钢梁采用周围断续角焊缝，每段角焊缝长 200mm，间距 80mm，角焊缝高度为 3mm。

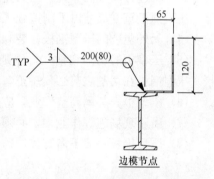

图 8-3　楼盖边缘压型钢板节点构造

此外，附图 13 中还有压型钢板楼板的相关技术说明，主要内容包括：

1）楼层压型钢板型号为 YX-51-305-915，表示该压型钢板设高 51mm，波距 305mm，有效覆盖尺寸为 915mm，长度 4.8m，数量为 8 块。

2）楼层压型钢板现场铺设，孔洞现场切割。

3）压型钢板边模型号为 L120×65×3，总长 12m，现场单面角焊缝跳焊 200（80），焊脚高度 3mm。

4）压型钢板边模与四周柱边平齐。

5）栓钉为单排，现场居梁中布置，规格为 D16×90，间距为 200mm，数量为 180 颗。

8.3.4　工具及防护用品

各组按照施工要求编制工具及防护用品清单，见表 8-3。经指导老师检查核定后，方可领取工具，各组领出的工具要有编号，并对领出的物品进行登记和经手人签名。机具等用品运到实训现场，应做清点。领取的工具及防护用品应经过严格检查，禁止使用不符合规范要求的工具及防护用品。

实训工具及防护用品计划表

表 8-3

序号	名称	规格	单位	数量	备注
1	电钻机	现场定	台	1	各组公用
2	焊栓机	现场定	台	1	各组公用
3	带锯机	现场定	台	1	各组公用
4	钢丝刷	铁皮底座	把	1	用于清除摩擦面的浮锈、油污等
5	手工扳手	8寸	把	2	用于普通螺栓的初拧、终拧
6	安全帽	《安全帽》GB 2811—2007	顶	每人1顶	—
7	防护手套	《针织民用手套》FZ/T 73047—2013	双	每人1双	—

8.3.5 注意事项

（1）布置压型钢板时，要注意凹凸角等问题，尽量避免特殊加工工序，将吊挂预埋件、开口补强等工序统筹考虑。

（2）强边方向板的接头，原则上应设置在梁的上部，不要在跨中设置接头；若为连续板时，板的长度、重量等，应按其搬运、铺设等作业是否方便来考虑。

（3）弱边方向板的布置，当其宽度不合适时，应在纵向挪动后将波形对准再切割；另外，压型钢板宽度尺寸由于制造施工等原因引起的误差，也可以采用这种办法处理。

（4）无外包装的压型钢板，装卸时应采用吊具，严禁使用钢丝绳直接捆绑起吊。

（5）压型板的切割和钻孔，原则上应采用机械加工，不要损害压型钢板的材质和形状。压型钢板在切割之前必须矫正弯曲和变形，切割时产生的毛刺、卷边应清除掉。

（6）压型板安装属高空作业，应采取可靠措施，指定安全操作细则并严格执行。

（7）由于现场施焊作业多，必须配备足够数量的干粉灭火器。

（8）压型钢板一般不需支撑，跨度过大或设计要求支撑的，必须设置可靠支撑。

8.4 实训操作

8.4.1 安装前的准备工作

（1）认真熟悉图纸，了解压型钢板的排版分布、尺寸控制要求以及压型钢板在钢梁上位置关系等。

（2）在安装之前，检查钢梁的平整度和完善情况，认真清扫钢梁顶面的杂物，检查钢梁表面是否存在防腐工艺，如果存在必须要将防腐表层打磨除去。

（3）综合测量钢梁表面的平整度，并根据压型钢板的排版图及建筑轴线在钢梁表面上进行测量放线，并作好测量标记。

8.4.2 压型钢板预留孔洞处理

（1）为保证压型钢板的承载强度，压型钢板上的预留孔（洞）需要采取补强处理。当圆形孔洞直径不大于 800mm 或长方形开孔长边尺寸不大于 800mm 时，可先行围模，待楼板混凝土浇筑完成并且混凝土达到设计强度 75% 以上时再进行切割开孔。

（2）对必须先开孔（洞）且直径大于一个波峰尺寸的孔，需作加固措施，防止承载后压型钢板下塌。

8.4.3 压型钢板吊装、铺设

（1）压型板的吊装采用尼龙带，对超重、超长的板应增加吊点或使用吊架等方式，防止吊装时产生变形或折损。

（2）按照排版图，将压型板吊至正确的层段区域，并按照排版方向安全稳妥放置。安装前必须检查放线情况，先进行粗安装，保证其波纹对直，以便钢筋在"波谷"内通过。

（3）铺设时由 4～6 人水平搬运，按图纸编号、排版方向等要求逐一排放。

（4）搭接长度应按设计要求进行搭接，一般侧向与端头跟支承钢梁的搭接不小于 50mm，板与板之间的侧搭接为"公母扣合"，为防止钢板因承重而分开，应在侧搭接处用 12 号自攻螺丝固定或点焊，最大间距为 900mm。

（5）切割：在压型钢板定位后弹出切割线，沿线切割。切割线的位置应参照楼板留洞图和布置图，并经核对；如错误切割，造成压型钢板的毁坏，应记录板型与板长度，并及时通知供货商补充；现场边角、柱边和补强板需下料切割。直线切割时原则上优先使用电剪和等离子气割技术，不能采用损害母材强度的方法，严禁采用氧气乙炔进行切割。

（6）不规则面板的铺设：根据现场钢梁的布置情况，以钢梁的中心线进行放线，将压型钢板在地面的平台上进行预拼合，然后再放出控制线，再根据压型钢板的的宽度进行排版、切割。

8.4.4 压型钢板焊接与栓钉焊接

（1）压型钢板铺设过程中，对被压型钢板全部覆盖的支撑钢梁应在压型板上标示钢梁的中心线，以便于栓钉焊接能准确到位。

（2）制定严格的栓钉焊接材料储存规定，材料要按要求妥善堆放。

（3）焊接前严格检查压型钢板与钢梁之间的间隙是否控制在 1mm 之内，并且保证焊接处干燥。

（4）根据栓钉的直径（$\phi = 19mm$）选择适宜的焊接工艺参数，将 6 个栓钉直接钉在 16mm 厚的 16Mn 钢板上，焊缝外观检查合格后，对 3 个试件进行拉伸，抗拉强度不得小于 402MPa；对 3 个试件进行 30°冷弯，栓钉弯曲至原轴线 30°后焊接部位无裂纹则为合格。

（5）正式大面积焊接前应先进行栓钉焊接工艺评定，根据工艺评定报告中有关的参数要求，安排专人督促焊工在上班前进行试焊，并根据焊接的效果进行调整参数，经过一个阶段的记录，综合每次调整的参数，列出表格，并对每个焊接工人逐一进行技术交底。

（6）对于实际施工过程中遇到的引弧后先熔穿镀锌压型钢板而后再与钢梁"熔"为一体的穿透型栓钉，要充分考虑压型钢板的厚度、表面镀锌层以及钢板与钢梁之间间隙的影响，每次施工前均要在试件上放置压型钢板，试打至调整好工艺参数后，再进行施工；施工的前 10 颗钉进行 15°打弯试验，合格后进行正常施工。

（7）铺设后的压型钢板调直后，为防止从钢梁滑脱，应及时点焊牢固或用栓钉固定。压型板与支撑钢梁之间采用点焊或塞焊，焊点的平均最大间距为 300mm，每波谷处点焊一处，焊接必须牢靠（焊接点直径不得小于 1cm）；侧点焊每 900mm 一处。

（8）如果采用穿透式栓钉直接透过压型钢板植焊于钢梁上，则栓钉可以取代上述的部分焊点数量；但压型钢板铺设定位后，仍应按上述原则被固定，熔焊直径可以改为 8mm 以上。

（9）点焊采用手工电弧焊，用直流焊机进行点焊。

（10）如果栓钉的焊接电流过大，造成压型钢板烧穿而松脱，应在栓钉旁边补充焊点。

（11）对钢梁由于截面厚度不一产生的高差，应用锤击并实施点焊使其波谷底面与钢梁表面间隙控制在 1mm 以下，以便于栓钉焊接。

（12）若梁的上翼缘标高与压型钢板铺设标高不一致，应在梁的上边垫钢板用来支承压型钢板（钢板与钢梁接触的四周采用满焊方式与梁焊接牢固）。

8.5　成果验收

8.5.1　压型钢板施工图识读

识读相关图纸，了解本工程使用的压型钢板概况，完成表 8-4 填写。

压型钢板施工图　　　　　　　　　　　　表 8-4

楼层板编号		楼层板数量	
楼层板长度		边模型号	
边模总长		焊缝类型	
焊缝高度		栓钉规格	
栓钉间距		栓钉数量	

8.5.2　栓钉弯曲检验

（1）栓钉焊于工件上，经外观检查合格后，应在主要构件上逐批抽查其中的 1%，并打弯 15° 检验，若焊钉根部无裂纹则认为通过弯曲检验；否则抽查其中的 2% 检验，若其中 50% 不合格，则对此批焊钉逐个检验，打弯栓钉可不调直。

（2）对不合格焊钉打掉重焊，被打掉栓钉底部不平处要磨平，母材损伤凹坑要补焊好。

（3）如焊脚不足 360°，可用合适的焊条手工焊修，并做 30° 弯曲试验。

8.5.3　栓钉焊接质量外观检查

栓钉焊接质量外观检查的判定标准及允许偏差见表 8-5。

外观检查的判定标准、允许偏差和检验方法　　　　　表 8-5

序号	外观检验项目	判定标准与允许偏差	检验方法	检验结果
1	焊肉形状	360° 范围内：焊肉高＞1mm，焊肉宽＞0.5mm	目测	
2	焊肉质量	无气泡和夹渣	目测	
3	焊肉咬肉	咬肉深度＜0.5mm，并已打磨去掉咬肉处的锋利部位	目测	
4	焊钉焊后高度	焊后高度允许偏差±2mm	用钢尺量测	

8.6 总结评价

参照表 8-6，对实训过程中出现的问题、原因以及解决方法进行回顾分析总结，并与实训小组的同学共同讨论，将思考和讨论结果填入表中。

实训总结表 表 8-6

组号		小组成员		日期	
实训中的问题：					
问题的原因：					
问题解决方案：					
实训体会：					

8.7 拓展内容：压型钢板面积计算

单层压型钢板面积计算根据现实的不同情况稍有不同。工程承包单位依据建筑工程面积计算规定计算，其计算方法以压型钢板所覆盖的平面面积，即钢板所铺放的平面面积来计算工程量，并以此为据进行工程预算和决算。

施工单位需要在施工前进行铺板面积的计算，实际订货所需的压型板面积应以施工详图规定的压型板规格和数量来计算，即：

$$F = (B \times L \times n) + (B \times L_1 \times n) \tag{8-1}$$

式中　F——总面积（m^2）；

　　　B——压型钢板覆盖宽度（m）；

　　　L——压型钢板长度（m）；

　　　L_1——压型钢板收边包角长度（m）；

　　　n——压型钢板块数。

压型钢板夹芯板的面积计算与单层压型板的计算方法相同。

思 考 题

（1）什么是压型钢板？

（2）压型钢板安装时需要哪些工具？

（3）如何识读压型钢板布置图？

（4）压型钢板如何处理预留孔洞？

（5）如何保证压型钢板的焊接质量？

任务9 组合楼盖钢筋安装

压型钢板的承载力和刚度都很小，无法独立承担楼面荷载，因此在其上面必须浇筑一层混凝土。根据压型钢板是否与现浇的混凝土层共同工作，可分为组合板和非组合板。组合板是指压型钢板与现浇混凝土共同工作，压型钢板起到混凝土楼面板板底受拉钢筋的作用；非组合板是指压型钢板仅仅作为混凝土浇筑时的永久性模板，设计时不考虑压型钢板参与楼板结构受力。为节约材料，实际工程中一般都设计成组合楼盖，组合楼盖的钢筋工程一般是在压型钢板安装完成后在压型钢板上进行，即根据设计图纸要求，设置并绑扎连接钢筋、附加钢筋及分布钢筋。且在浇筑混凝土之前，进行钢筋隐蔽工程检查验收，对钢筋工程施工过程中各道的工序进行全面复查。检查符合要求后，在钢筋隐蔽工程验收单上签署相关意见，方可进行下道工序施工。图9-1为某组合楼盖钢筋绑扎的照片。

图9-1 钢筋绑扎

9.1 实训任务

根据实训图纸，参照《钢结构工程施工质量验收规范》GB 50205—2001相关技术规范要求在压型钢板上进行组合楼盖中钢筋的安装。

9.2 实训目标

了解钢筋工程质量通病；掌握钢筋连接位置、接头数量、接头百分率等规定；掌握钢筋布置的构造要求和绑扎安装要点；熟悉钢筋工程检查验收内容。

能正确查阅有关技术手册和操作规定；能够安全文明地组织钢筋工程施工；能够根据工程实际情况对钢筋工程进行质量管理。

培养学生节约、环保、爱护设备的意识；培养学生吃苦耐劳的精神，保证钢筋尺寸正确、位置准确；培养学生认真负责的意识，养成文明施工的工作态度和团结协作的良好习惯。

9.3 实训准备

9.3.1 知识准备

识读施工图纸（附图13），查阅教材及相关资料，回答表9-1中的问题，并填入所参考的相关资料名称和学习中所遇到的其他问题。根据实训分组，针对表中的问题分组进行讨论。

问题讨论记录表 表9-1

组号		小组成员		日期	
问题		问题解答		参考资料	
1. 钢筋与压型钢板的栓钉是怎么连接的？					
2. 板中钢筋按受力状况分为哪几种？板中构造钢筋的作用是什么？					
3. 板中受力钢筋与构造钢筋哪个在上面？哪个在下面？					
4. 其他问题					

9.3.2 技术准备

根据实训施工图纸，在表9-2中画出压型钢板平面布筋草图、截面配筋草图，描述压型钢板钢筋绑扎安装的步骤与方法，写出钢筋绑扎安装质量控制要点及质量检验方法。分组对上述内容开展讨论，商定压型钢板钢筋绑扎安装工作方案。

工作任务表 表9-2

组号		小组成员		日期	
压型钢板平面布筋图、截面配筋图					
操作步骤及方法					
质量控制要点及质量检验方法					

9.3.3　材料准备

试按照构造要求布置楼板钢筋，列出钢筋材料表。

9.3.4　工具及防护用品准备

各组根据各自分配的实训任务，确定所需的工具种类及防护用品数量，并填写表9-3。由实训指导老师检查结果并评定以后，方可以到材料库领取材料。领取的材料应严格检查，禁止使用不符合规范要求的材料。

实训工具及防护用品计划表　　　　　　　　　表 9-3

序号	名称	规格	单位	数量	备注
1	扎钩	现场定	个	1	每人1个
2	卷尺	5m	个	3	每组3个
3	防护手套	《针织民用手套》FZ/T 73047—2013	双	1	每人1双
4	工作服	按实际尺寸	套	1	每人1套
5	安全帽	《安全帽》GB 2811—2007	顶	1	每人1顶

9.3.5　注意事项

（1）清理模板上面的杂物，用墨斗在压型钢板上弹好主筋、分布筋间距线。

（2）按划好的间距，先摆放受力主筋、后放分布筋。

（3）在板双层布筋区域，两层钢筋之间须加钢筋马凳或塑料马凳，以确保上部钢筋的位置。负弯矩钢筋每个相交点均要绑扎。

（4）在钢筋的下面垫好砂浆垫块，间距为 1.5m。垫块的厚度等于保护层厚度，应满足设计要求，如设计无要求时，板的保护层厚度应为 15mm。负弯矩钢筋下部安装马凳，位置同垫块。

9.4　实训操作

钢筋均在现场加工制作，钢筋加工成型严格按《混凝土结构工程施工质量验收规范》GB 50204—2015 和设计要求执行。

9.4.1　钢筋绑扎

（1）首先按部位核对钢筋规格、尺寸、数量，符合后运至现场。

（2）按划好的间距，先摆受力筋，后摆分布筋，预埋件、电线管、预留孔等及时配合安装。

（3）钢筋采用八字扎，靠支座纵横筋交点全部绑扎，其余点按梅花状间隔绑扎，并在底筋下按 1m 间隔摆放垫块。

（4）绑扎负弯矩钢筋时，每个扣均要绑扎。

（5）板内预埋管须敷设在板内上、下两层钢筋之间，当预埋管处无上筋时，则需沿管长方向加设 Φ6@200 钢筋网。

（6）根据设计图纸，压型钢板上铺设单层双向的钢筋网，为了保证钢筋受力，则重点注意控制钢筋的保护层。

（7）采用模板铺设一条施工人员的行走路线，钢筋绑扎完成后不允许其他人员（混凝土工除外）任意踩踏而造成钢筋变形、凌乱。

（8）绑扎接头的搭接长度为：Ⅰ级钢筋≥30d，Ⅱ级钢筋≥40d，在搭接长度内应绑扎三点。所有边缘钢筋端头采取植筋工艺与原结构梁连接，植筋深度为20d。

9.4.2 钢筋马凳的加工、放置方式

（1）本工程压型钢板厚度为0.92mm，由于厚度较薄，当遭遇锐器或硬物局部撞击时，肋与肋之间的钢板容易发生凹陷，甚至穿透，造成混凝土漏浆。

（2）科学设置钢筋马凳的放置方式，马凳的支腿应放置在压型钢板的板肋上面，对压型钢板的整体受力有利。

（3）马凳采用直径不小于12mm的钢筋进行加工，马凳的长度宜为600mm，高度按具体板厚计算。马凳的根部为了防止在压型钢板板肋上滑动，应将根部钢筋两端打弯。放置的间距宜按1.5m×1.5m规格。

9.4.3 板底加强筋的保护层控制

根据设计的考虑，如需要在压型钢板"波谷"部位沿平行板肋的方向加设加强钢筋，则要在钢筋表面套上500mm间距的塑料垫块，以保证板底加强筋的混凝土保护层。

9.5 成果验收

成果验收是对实训的结果进行系统的检验和考查。压型钢板钢筋安装完成后，应该严格按照压型钢板钢筋安装的质量检测方法和标准进行压型钢板钢筋验收。具体验收内容可参考表9-4。

成果验收表 表9-4

组号		小组成员			
序号	检验内容		检验要求	检验方法	检验结果
1	工作程序		正确	观察	
2	搭接接头绑扎		方法正确	检查	
3	顺扣绑扎		方法正确	钢尺量连续三档取最大值	
4	网眼尺寸		20mm	钢尺检查	
5	钢筋成形尺寸偏差		±5mm	钢尺检查	
6	受力钢筋	间距	±10mm	钢尺量两端、中间各一点，取最大值	
7		排距	±5mm		
8		保护层厚度	±3mm	钢尺检查	

9.6 总结评价

参照表9-5，对实训过程中出现的问题、原因以及解决方法进行回顾分析总结，并与

实训小组的同学共同讨论，将思考和讨论结果填入表中。

实训总结表   表 9-5

组号		小组成员		日期	
实训中的问题：					
问题的原因：					
问题解决方案：					
实训体会：					

9.7　拓展内容：压型钢板混凝土组合楼板的构造要求

压型钢板混凝土楼板于 20 世纪 60 年代前后在欧美、日本等国多层及高层建筑中得到了广泛应用。压型钢板混凝土组合楼板根据结构布置方案的不同主要有板肋垂直于主梁、板肋平行于主梁两种形式，如图 9-2 所示。

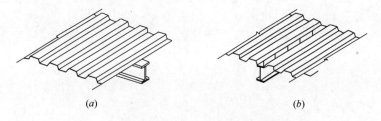

(a)　　　　　　　　　　(b)

图 9-2　压型钢板混凝土组合楼板结构布置方案
(a) 板肋垂直于主梁；(b) 板肋平行于主梁

在对压型钢板混凝土组合板进行验算的同时，其截面尺寸及配筋要求还应满足以下要求：当考虑组合板中压型钢板的受力作用时，压型钢板（不包括镀锌层和饰面层）的净厚度不应小于 0.75mm，浇筑混凝土的平均槽宽不应小于 50mm。当在槽内设置栓钉抗剪连接时，压型钢板的总高度（包括压痕）不应大于 80mm。

组合板的总厚度不应小于 90mm，压型钢板顶部的混凝土厚度不应小于 50mm，混凝土强度等级不宜低于 C20。浇筑混凝土的骨料大小不应超过压型钢板顶部的混凝土厚度的 0.4 倍、平均槽宽的 1/3 及 30mm。

思 考 题

（1）压型钢板混凝土组合楼板和非组合楼板有何区别？

（2）组合楼板中钢筋安装可参照哪本规范？

（3）压型钢板中钢筋采用何种方式绑扎？

（4）钢筋绑扎接头的搭接长度如何确定？

（5）钢筋绑扎完后该如何进行验收？

任务10 钢楼梯安装

楼梯作为建筑物中的垂直交通通道，主要用于通行和疏散，是多层和高层建筑中不可或缺的组成部分。钢楼梯多用于工业建筑，但近年来，随着高技派风格建筑的出现，钢楼梯也被大量地应用到民用建筑中。钢楼梯通过合理的设计，可以形成独特的风格。图10-1为某钢结构楼梯的照片。

图 10-1　钢楼梯

10.1　实训任务

了解钢楼梯的分类、一般组成，能够识读图纸并在现场将楼梯安装起来。

10.2　实训目标

了解钢楼梯的作用；熟悉钢楼梯的构造要求；熟练掌握钢楼梯的安装流程；熟悉钢楼梯安装的安全技术要求；了解钢楼梯安装质量检验的流程。

能根据施工图纸并查阅施工手册，计算钢楼梯结构构件及部件的材料用量，制作材料表；能结合施工现场情况，制定合理的钢楼梯安装方案；能够进行钢楼梯安装；能够进行钢楼梯的安装质量检验。

培养学生热爱建筑工程技术专业、勤奋学习的精神；培养学生诚实、守信、善于沟通和合作的品质；培养学生安全文明施工的工作习惯和精细操作的工作态度。

10.3　实训准备

10.3.1　知识准备

识读钢楼梯结构施工图纸（附图14），查阅教材及相关资料，回答表10-1中的问题，并填入所参考的相关资料名称和学习中所遇到的其他问题。根据实训分组，针对表中的问题分组进行讨论。

问题讨论记录表

表 10-1

组号		小组成员		日期	
问　题		问题解答		参考资料	
1. 钢楼梯有哪几种形式？分别画出其简图					
2. 不同坡度的钢楼梯的踏步高、宽该如何取值？					
3. 钢楼梯的梯段面活荷载和踏板中点的集中荷载该如何取值？					
4. 其他问题					

10.3.2　技术准备

对小组讨论得出的结果进行总结和分析后，根据实训施工图纸，各组分别制定各自的钢楼梯安装方案，并绘制各自的钢屋架安装简图。并填于表 10-2，进行展示和介绍，每小组展示时，其他组可进行提问、讨论等。通过讨论交流与教师点评，全体学生选出最优的钢楼梯安装方案。

工作任务表

表 10-2

组号		小组成员		日期	
钢楼梯的平面图、立面图、节点详图					
钢楼梯的预安装及现场安装的流程					
质量控制要点及质量检查方法					

10.3.3　材料准备

根据楼梯结构施工图纸图附图 14，计算楼梯结构材料用量，列出材料表见表 10-3。

楼梯结构的材料表　　　　　　　　　表 10-3

构件名称	楼梯		构件数量	1	总重量	108.0kg	
部件编号	规格	长度 (mm)	材质	数量	单重 (kg)	总重 (kg)	表面积 (m²)
TP-1	PL6×85	112.9	Q235B	2	0.4	0.8	0.02
TP-2	PL6×50	260.0	Q235B	2	0.6	1.2	0.03
TP-3	PL4×600	220.0	Q235B	13	4.1	53.3	0.27
TP-4	PL4×600	186.0	Q235B	1	3.5	3.5	0.23
TP-5	PL4×239	3244.4	Q235B	2	24.4	48.8	0.98
TP-6	PL6×35	112.9	Q235B	2	0.2	0.4	0.01
合计						108.0	1.54

10.3.4　工具及防护用品准备

各组按照施工要求编制工具及防护用品清单见表 10-4。经指导老师检查核定后，方可领取工具，各组领出的工具要有编号，并对领出的物品进行登记和经手人签名。机具等用品运到实训现场，应做清点。领取的工具及防护用品应经过严格检查，禁止使用不符合规范要求的工具及防护用品。

实训工具及防护用品计划表　　　　　　　　　表 10-4

序号	名称	规格	单位	数量	备注
1	电子经纬仪	DJ₆	台	1	组长负责领、收
2	自动安平水准仪	DS₃	台	1	组长负责领、收
3	扭矩型电动扳手	300NM	把	1	用于高强度螺栓的初拧
4	扭剪型电动扳手	800NM	把	1	用于高强度螺栓的终拧
5	钢丝刷	铁皮底座	把	1	用于清除摩擦面的浮锈、油污等
6	手工扳手	8寸	把	2	用于普通螺栓的初拧、终拧
7	锤子	0.5kg	把	2	组长负责领、收
8	钢卷尺	5m	卷	2	组长负责领、收
9	手拉葫芦	5t	个	1	组长负责领、收
10	钢丝绳	现场定	根	2	组长负责领、收
11	吊钩	现场定	个	4	组长负责领、收
12	千斤顶	现场定	个	1	各组公用
13	安全帽	《安全帽》GB 2811—2007	顶	每人 1 顶	—
14	防护手套	《针织民用手套》 FZ/T 73047—2013	双	每人 1 双	

10.3.5　注意事项

（1）每组派一人管理工具，禁止在施工现场打闹、吸烟。

（2）进入施工现场务必穿好工作服、戴好安全帽。

（3）起吊过程前必须检查是否绑扎牢靠，起吊过程中人必须与钢楼梯保持一定安全距离。

（4）安装时要确认把螺栓拧紧。

（5）安装后必须由实训老师进行质量合格验收。

10.4　实训操作

10.4.1　地脚螺栓施工

（1）按照图纸，对地脚螺栓进行外观、直径、整体长度、螺纹长度和螺纹检查，并确定地脚螺栓埋置深度。

（2）为了保证地脚螺栓位置准确，可将地脚螺栓安置于固定架后再浇筑混凝土。

（3）地脚螺栓预埋完成后应套塑料套管保护，防止施工碰撞造成地脚螺栓螺纹破损。

10.4.2　楼梯结构的安装

（1）钢楼梯重量大，须采用手拉葫芦人工吊装。

（2）需搭设吊装用承重架，要求承重量不小于1t。

（3）钢梯吊装过程中，须在钢梯踏步中间焊接一吊环，以便利用手动葫芦进行吊装，吊装就位后，及时系牢支撑及其他连接构件，保证结构的稳定性。钢梯焊接完成任务结束，方可切除吊环。

10.4.3　焊接

（1）熟悉图纸，做焊接工艺技术交底。施焊前应检查焊工是否持证，证明焊工能承担该焊接工作。

（2）按施工图纸要求选用焊接材料，其性能必须符合国家和执行标准的规定，并具有质量证明书。然后再对踏步板进行焊接。

10.5　成果验收

成果验收是对实训结果进行系统的检验和考查。钢楼梯安装完成后，应该严格按照钢楼梯的质量检测方法和标准进行验收。部分验收内容见表10-5。

钢楼梯检查验收表（mm）　　　　　　　　　　　　　　表10-5

项　　目	允许偏差	实际偏差
平台长度和宽度	±4.0	
平台两对角线	0.0	
平台表面不平直度（在1m范围内）	3.0	
楼梯长度	±5.0	
楼梯宽度	±3.0	
楼梯上安装孔距离	±3.0	
楼梯纵向挠曲矢高	$\leqslant L_r/1000$	
楼梯踏步间距	±5.0	
楼梯踏步板不平直度	$\leqslant l/1000$	

10.6　总结评价

参照表 10-6，对实训过程中出现的问题、原因以及解决方法进行回顾分析总结，并与实训小组的同学共同讨论，将思考和讨论结果填入表中。

实训总结表　　　　　　　　　　　　　　　　表 10-6

组号		小组成员		日期	
实训中的问题：					
问题的原因：					
问题解决方案：					
实训体会：					

10.7　拓展内容：固定钢斜梯安装

在钢结构中较为常用的楼梯形式有：直梯和斜梯。直梯通常是在不经常上下或因场地限制不能设置斜梯时采用，多为检修楼梯；经常通行的钢梯宜采用斜梯，它是钢结构建筑常采用的钢梯形式。

依据《固定式钢梯及平台安全要求　第 2 部分：钢斜梯》GB 4053.2—2009 和《钢结构工程施工质量验收规范》GB 50205—2001，固定钢斜梯的安装规定如下。

（1）不同坡度的钢斜梯，其踏步高 R、踏步宽 t 的尺寸见表 10-7，其他坡度按直线插入法取值。

钢斜梯踏步尺寸（mm）　　　　　　　　　　　表 10-7

坡度 踏步	30°	35°	40°	45°	50°	55°	60°	65°	70°	75°
R	160	175	195	200	210	225	235	245	255	265
t	290	250	230	200	190	150	135	115	95	75

（2）常用的坡度和高跨比（$H：L$），见表 10-8。

坡度 高跨比	45°	51°	55°	59°	73°
$H : L$	1∶1	1∶0.9	1∶0.7	1∶0.6	1∶0.3

钢斜梯常用坡度和高跨比　　　　表 10-8

（3）梯梁应采用性能不低于 Q235AF 钢材。

（4）立柱宜采用截面不小于 L40mm×40mm×4mm 角钢或外径为 30～50mm 的管材，从第一级踏板开始设置，间距不宜大于 1000mm。横杆采用直径不小于 16mm 圆钢或 30mm×4mm 扁钢，固定在立柱中部。

（5）梯宽宜为 700mm，最大不宜大于 1100mm，最小不得小于 600mm。梯高不宜大于 5m，大于 5m 时，宜设梯间平台，分段设梯。

（6）扶手高应为 900mm，或与《固定式钢梯及平台安全要求　第 3 部分：工业防护栏及钢平台》GB 4053.3—2009 中规定的栏杆高度一致，采用外径为 30～50mm，壁厚不小于 2.5mm 的管材。

（7）钢斜梯应全部采用焊接连接。焊接要求符合《钢结构工程施工质量验收规范》GB 50205—2001。所有构件表面应光滑无毛刺，安装后的钢斜梯不应有歪斜、扭曲、变形及其他缺陷。钢斜梯安装后，必须认真除锈并做防腐涂装。

思 考 题

（1）钢楼梯安装时需使用哪些工具？

（2）如何防止地脚螺栓因施工碰撞造成螺纹变形？

（3）如何选择钢楼梯焊接材料？

（4）简述钢结构楼梯的安装流程。

（5）简述钢结构楼梯安装完成后的验收流程。

任务 11　门式刚架安装

门式刚架通常是指直线形杆件（梁和柱）通过刚性节点连接起来的"门"字形结构，该类结构的上部主构架包括刚架柱、刚架斜梁、支撑、檩条、系杆、山墙骨架等。门式刚架结构具有受力体系简单、传力路径明确、构件制作快捷、便于工厂化加工、施工周期短等特点，因此广泛应用于工业、商业及文化娱乐公共设施等工业与民用建筑中。图 11-1 为施工实训安装完成后的门式刚架。

图 11-1　门式刚架

11.1　实训任务

本实训的任务是了解门式刚架的一般组成，了解施工的安全规范，掌握门式刚架构件的作用及制作特点，掌握刚架结构的基本流程。

刚架结构柱网平面布置，如图 11-2 所示。限于篇幅，以下以③轴刚架为例，钢柱 Z-3 施工图如附图 15 所示，钢梁 WL-6 施工图如附图 16 所示。

11.2　实训目标

了解门式刚架的作用、组成及分类；理解门式刚架的受力原理、构造要点和施工规范；掌握门式刚架构件制作及结构拼装（安装）的工艺流程；掌握门式刚架结构安装施工的安全要求和安全技术措施；熟悉门式刚架的质量验收要求。

能够根据图纸并查阅施工手册，熟练计算门式刚架结构构件及部件的材料用量，制作材料表；能制定门式刚架施工方案；能根据施工图和相应规范、手册对门式刚架结构安装质量进行验收。

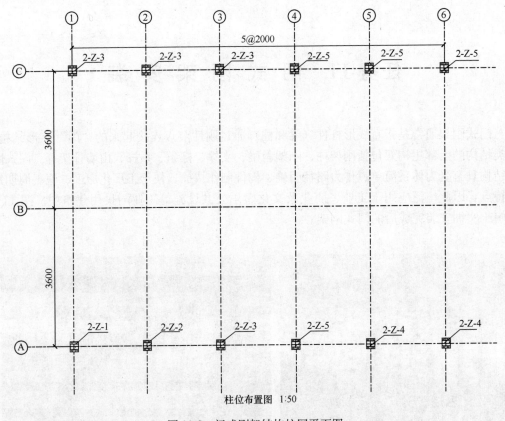

柱位布置图 1:50

图 11-2 门式刚架结构柱网平面图

树立团队工作意识，养成学生与他人协调合作的习惯；培养学生安全生产责任意识，养成施工安全防护习惯；培养学生工匠精神，养成严谨、细致、认真的工作态度。

11.3 实训准备

11.3.1 知识准备

识读施工图纸，查阅教材及相关资料，回答表 11-1 中的问题，并填入所参考的相关资料名称和学习中所遇到的其他问题。根据实训分组，针对表中的问题分组进行讨论。

问题讨论记录表   表 11-1

组号		小组成员		日期	
问题		问题解答		参考资料	
1. 门式刚架相对于桁架结构在结构上有何特点？					

问题	问题解答	参考资料
2. 门式刚架有哪些应用范围?		
3. 门式刚架结构方案该如何选择?		
4. 其他问题		

11.3.2　技术准备

对小组讨论得出的结果进行总结和分析后,根据实训施工图纸,各组分别制定各自的门式刚架的拼接、吊装和安装方案,绘制各自的门式刚架安装简图。并填于表 11-2,进行展示和介绍,每小组展示时,其他组可进行提问、讨论等。通过讨论交流与教师点评,全体学生选出最优的门式刚架吊装、安装方案。

工作任务表　　　　表 11-2

组号		小组成员		日期	
门式刚架的平面图、节点详图					
门式刚架的拼装、吊装及安装的流程					
质量控制要点及质量检查方法					

11.3.3　材料准备

根据结构施工图纸(附图 15),可以计算刚架钢柱的材料用量,列出钢板材料表,见表 11-3。列出螺栓清单,见表 11-4。

刚架结构钢柱的材料表　　　　表 11-3

构件名称		刚架柱 (2-Z-3)	构件数量		4	构件重量	158.4kg	
部件编号	规格		长度(mm)	材质	数量	单重(kg)	总重(kg)	表面积(m²)
P-9	PL6×48		141	Q345B	4	0.3	1.2	0.01
P-41	PL12×100		250	Q345B	1	2.4	2.4	0.06
P-69	H150×100×3.2×4.5		2788	Q345B	1	29.6	29.6	1.90
P-83	PL12×220		270	Q345B	1	5.6	5.6	0.13
P-84	PL4×50		80	Q345B	8	0.1	0.8	0.01
合计							39.6	2.11

刚架结构钢柱安装螺栓清单　　　　　　　　表 11-4

螺栓清单	所属构件	2-Z-1、2-Z-2		构件数	2
规格	长度	数量	标准	备注	
M12	基础预埋	4	C	柱脚预埋螺栓安装	
M12	35	2	C	柱间支撑 2-ZC-2 安装	

根据结构施工图纸（附图 16），可以计算刚架梁的材料用量，列出钢板材料表，见表 11-5。列出螺栓清单，见表 11-6。

刚架结构钢梁的材料表　　　　　　　　　　表 11-5

构件名称	刚架梁（2-WL-6）		构件数量	2	构件重量	50.8kg	
部件编号	规格	长度(mm)	材质	数量	单重(kg)	总重(kg)	表面积(m²)
P-1	H100×80×6×6	1782	Q345B	1	21.0	21.0	0.91
P-42	PL12×100	200	Q345B	2	1.9	3.8	0.05
P-87	L80×50×5	110	Q345B	1	0.6	0.6	0.03
合计						25.4	0.99

刚架结构钢梁安装螺栓清单　　　　　　　　表 11-6

螺栓清单	所属构件	2-WL-6		构件数	2
规格	长度	数量	标准	备注	
M12	50	6	HS10.9	2-WL-6 钢梁安装	
M12	50	6	HS10.9	2-WL-12 钢梁安装	

11.3.4　工具及防护用品准备

各组按照施工要求编制工具及防护用品清单，参见表 11-7。经指导老师检查核定后，方可领取工具，各组领出的工具要有编号，并对领出的物品进行登记和经手人签名。机具等用品运到实训现场，应做清点。领取的工具及防护用品应经过严格检查，禁止使用不符合规范要求的工具及防护用品。

实训工具及防护用品计划表　　　　　　　　表 11-7

序号	名称	规格	单位	数量	备注
1	电子经纬仪	DJ₆	台	1	组长负责领、收
2	自动安平水准仪	DS₃	台	1	组长负责领、收
3	扭矩型电动扳手	300NM	把	1	用于高强度螺栓的初拧
4	扭剪型电动扳手	800NM	把	1	用于高强度螺栓的终拧
5	钢丝刷	铁皮底座	把	1	用于清除摩擦面的浮锈、油污等
6	手工扳手	8寸	把	2	用于普通螺栓的初拧、终拧
7	锤子	0.5kg	把	2	组长负责领、收

序号	名称	规格	单位	数量	备注
8	钢卷尺	5m	卷	2	组长负责领、收
9	手拉葫芦	5t	个	1	组长负责领、收
10	钢丝绳	现场定	根	2	组长负责领、收
11	吊钩	现场定	个	4	组长负责领、收
12	千斤顶	现场定	个	1	各组公用
13	安全帽	《安全帽》 GB 2811—2007	顶	每人1顶	—
14	防护手套	《针织民用手套》 FZ/T 73047—2013	双	每人1双	—

11.3.5　注意事项

（1）每组派一人管理工具，禁止在施工现场打闹、吸烟。

（2）进入施工现场务必穿好工作服、戴好安全帽。

（3）起吊过程前必须检查绑扎是否牢靠，起吊过程中人必须与刚架保持一定安全距离。

（4）安装时要确认把螺栓拧紧。

（5）安装后必须由实训老师进行质量合格验收。

11.4　实训操作

11.4.1　刚架的组装

本次实训的刚架不是一个整体，而是由四个构件拼起来的，所以在安装前应在地面上进行组装。组装时，在连接处使用螺栓连接并且拧紧，且必须四个连成一体。

11.4.2　刚架的绑扎、吊装与安装

基于该刚架比较轻，可以采用两点绑扎的形式，绑扎的位置就在左右两边中间的连接处。在保证两个绑扎点绑扎结实后，先确定一个牢固、稳定的支撑点，然后通过手拉葫芦起吊，操作时应先缓慢升起，待起重链条张紧后，再全面检查设备及重物的受力情况，要特别注意起重链条是否有扭结现象，发现扭结必须调整好，经检查无异常方可继续作业。等刚架接近安装位置时用人工把它移到相应的位置，然后把螺栓拧好。

11.5　成果验收

成果验收是对实训的结果进行系统的检验和考查。部分验收内容见表11-8。

门式刚架检查验收表（mm）　　　　　　　　　表 11-8

项　目	允许值	实际值
柱顶位移限值	$h/60$	
斜梁挠度限值	$L/180$	

11.6　总结评价

　　参照表 11-9，对实训过程中出现的问题、原因以及解决方法进行回顾分析总结，并与实训小组的同学共同讨论，将思考和讨论结果填入表中。

实训总结表　　　　　　　　　表 11-9

组号		小组成员		日期	
实训中的问题：					
问题的原因：					
问题解决方案：					
实训体会：					

11.7　拓展内容：钢结构安装方法

　　钢结构工程安装方法有分件安装法、节间安装法和综合安装法。

11.7.1　分件安装法

　　分件安装法是指起重机在厂房内每开行一次仅安装一种或两种构件，适用于一般中、小型厂房的吊装。

　　分件安装法的优点是起重机在每次开行中仅吊装一类构件，吊装内容单一，准备工作简单，校正方便，吊装效率高；构件可分类在现场按顺序预制、排放，场外构件可按先后顺序组织供应；构件预制、吊装、运输、排放条件好，易于布置；可选用起重量较小的起重机械，可利用改变起重臂杆长度的方法，分别满足各类构件吊装起重量和起升高度的要求。

但分件安装法起重机开行频繁，机械台班费用增加；起重机开行路线长；起重臂长度改变需一定的时间；不能按节间吊装，不能为后续工程及早提供工作面，阻碍了工序的穿插；吊装工期相对较长；屋面板吊装有时需要有辅助机械设备。

11.7.2　节间安装法

节间安装法是指起重机在厂房内一次开行中，分节间依次安装所有各类型构件。适用于采用回转式桅杆进行吊装，或特殊要求的结构（如门式刚架），或由于某种原因有局部特殊需要（如急需施工地下设施）。

节间安装法的优点是起重机开行路线短、停机点少，停机一次可以完成一个（或几个）节间全部构件安装工作，可为后期工程及早提供工作面，可组织交叉平行流水作业，缩短工期；构件制作和吊装误差能及时发现并纠正；吊装完一个节间，校正固定一个节间，结构整体稳定性好，有利于保证工程质量。

但节间安装法不能充分发挥起重机效率，无法组织单一构件连续作业；各类构件需交叉配合，场地构件堆放拥挤，吊具、索具更换频繁，准备工作复杂；校正工作零碎、困难；柱子固定时间较长，难以组织连续作业，使吊装时间延长，降低吊装效率；操作面窄，易发生安全事故。

11.7.3　综合安装法

综合安装法是将全部或一个区段的柱头以下部分的构件用分件吊装法吊装，即柱子吊装完毕并校正固定，再按顺序吊装地梁、柱间支撑、吊车梁、走道板、墙梁、托架（托梁），接着按节间综合吊装屋架、天窗架、屋面支撑系统和屋面板等屋面构件。吊装时通常采用2台起重机，一台起重量大的起重机用来吊装柱子、吊车梁、托架和屋面系统等；另一台用来吊装柱间支撑、走道板、地梁、墙梁等构件并承担构件卸车和就位排放工作。

综合安装法综合了分件安装法和节间安装法的优点，能最大限度地发挥起重机的能力和效率，缩短工期，是广泛采用的一种安装方法。

思　考　题

（1）什么是门式刚架？门式刚架有什么特点？

（2）门式刚架的上部主构架包括哪些构件？

（3）门式刚架吊装时的绑扎点如何确定？

（4）门式刚架安装时需使用哪些工具？

（5）请简述门式刚架安装施工的验收流程。

任务12 钢屋架安装

屋架是屋盖体系中的主要承重结构。钢屋架安装可以在地面拼装完成后利用吊装机械直接吊装就位，也可搭设满堂脚手架作为临时支撑在高空现场安装。但搭设临时支撑体系对工程施工进度及成本影响较大，且存在较多的高空作业，对工程质量控制带来一定的难度。图12-1为施工实训安装钢屋架的照片。

图 12-1　钢屋架结构安装

12.1　实训任务

本实训的任务是了解钢屋架的一般组成；掌握钢屋架的绑扎、吊装和安装的流程；了解施工的安全规范。

12.2　实训目标

了解钢屋架的作用、组成及分类；理解屋架的受力原理、构造要点和施工规范；掌握钢屋架构件制作的工艺流程；掌握屋架结构拼装及安装过程中的技术要点及质量要求；掌握屋架结构安装施工的安全要求。

能根据图纸并查阅施工手册，熟练计算钢屋架结构构件及部件的材料用量，制作材料表；能制定钢屋架结构安装施工方案；能在团队工作中完成屋架结构拼装；能进行屋架结构在柱顶的就位安装。

树立团队工作意识，养成学生与他人协调合作的习惯；培养学生安全生产责任意识，养成施工安全防护习惯；培养学生工匠精神，养成严谨、细致、认真的工作态度。

12.3 实训准备

12.3.1 知识准备

识读钢屋架施工图纸（附图 17），查阅教材及相关资料，回答表 12-1 中的问题，并填入所参考的相关资料名称和学习中所遇到的其他问题。根据实训分组，针对表中的问题分组进行讨论。

问题讨论记录表 表 12-1

组号		小组成员		日期	
问题		问题解答		参考资料	
1. 钢屋架相对于钢梁有什么优点？					
2. 钢屋架的各构件的连接方式有哪些？					
3. 钢屋架的受力特点是什么，其支撑系统又有哪些？					
4. 其他问题					

12.3.2 技术准备

对小组讨论得出的结果进行总结和分析后，根据实训施工图纸，各组分别制定各自的组合板的拼接、吊装和安装方案，绘制各自的钢屋架安装简图。并填于表 12-2，进行展示和介绍，每小组展示时，其他组可进行提问、讨论等。通过讨论交流与教师点评，全体学生选出最优的钢屋架吊装、安装方案。

工作任务表 表 12-2

组号		小组成员		日期	
钢屋架的平面图、节点详图					
钢屋架的拼装、吊装及安装的流程					
质量控制要点及质量检查方法					

12.3.3 材料准备

根据屋架施工图纸（附图 17），可以计算各个屋架的材料用量。这里以屋架 WJ-4 为例，列出材料表见表 12-3。

屋架 XWJ-4 的材料表　　　　　　　　　　　　　　　　表 12-3

构件名称	屋架（XWJ-4）		构件数量	1	总重量	25.9kg	
部件编号	规格	长度(mm)	材质	数量	单重(kg)	总重(kg)	表面积(m²)
XP-4	PL6×150	213.3	Q345B	1	1.5	1.5	0.07
XP-6	PL6×120	216.3	Q345B	1	1.2	1.2	0.06
XP-7	PL6×80	97.0	Q345B	16	0.4	6.4	0.02
XP-9	PL6×110	205.4	Q345B	1	1.1	1.1	0.04
XP-10	PL6×120	180.0	Q345B	4	1.0	4.0	0.05
XP-11	PL6×100	185.0	Q345B	2	0.9	1.8	0.04
XP-12	PL6×72	150.0	Q345B	2	0.5	1.0	0.03
XP-13	PL6×40	60.0	Q345B	14	0.1	1.4	0.01
XP-14	PL6×100	109.5	Q345B	1	0.5	0.5	0.02
XP-15	PL6×109	110.0	Q345B	1	0.6	0.6	0.03
XP-16	PL6×90	160.0	Q345B	2	0.7	1.4	0.03
XP-17	PL6×100	150.0	Q345B	1	0.7	0.7	0.03
XP-18	PL6×115	219.7	Q345B	2	1.2	2.4	0.05
XP-19	PL6×120	243.0	Q345B	2	1.4	2.8	0.06
XP-20	PL6×140	316.0	Q345B	1	2.1	2.1	0.09
XP-21	PL10×100	150.0	Q345B	2	1.2	2.4	0.04
XP-22	L40×4	3612.5	Q345B	1	8.8	8.8	0.57
XP-23	L40×4	3612.5	Q345B	1	8.8	8.8	0.57
XP-24	L40×4	855.0	Q345B	2	2.1	4.2	0.13
XP-25	L40×4	956.3	Q345B	2	2.3	4.6	0.15
XP-26	L40×4	1009.2	Q345B	2	2.4	4.8	0.16
XP-27	L40×4	926.4	Q345B	2	2.2	4.4	0.15
XP-28	L40×4	489.9	Q345B	4	1.2	4.8	0.08
XP-29	L40×4	639.9	Q345B	1	1.6	1.6	0.10
XP-30	L40×4	3612.5	Q345B	1	8.8	8.8	0.57
XP-31	L40×4	3612.5	Q345B	1	8.8	8.8	0.57
XP-32	L40×4	709.9	Q345B	4	1.7	6.8	0.11
XP-33	L40×4	634.9	Q345B	1	1.5	1.5	0.10
XP-34	L40×4	559.9	Q345B	4	1.4	5.6	0.09
XP-35	L40×4	780.0	Q345B	1	1.9	1.9	0.12
XP-36	L40×4	7174.0	Q345B	1	17.4	17.4	1.13
XP-38	L80×50×5	86.0	Q345B	6	0.4	2.4	0.02
合计						126.5	5.28

12.3.4　工具及防护用品准备

各组按照施工要求编制工具及防护用品清单见表 12-4。经指导老师检查核定后，方可领取工具，各组领出的工具要有编号，并对领出的物品进行登记和经手人签名。机具等用品运到实训现场，应做清点。领取的工具及防护用品应经过严格检查，禁止使用不符合规范要求的工具及防护用品。

实训工具及防护用品计划表　　　　　　　　　　　　　表 12-4

序号	名称	规格	单位	数量	备　注
1	电子经纬仪	DJ_6	台	1	组长负责领、收
2	自动安平水准仪	DS_3	台	1	组长负责领、收
3	扭矩型电动扳手	300NM	把	1	用于高强度螺栓的初拧
4	扭剪型电动扳手	800NM	把	1	用于高强度螺栓的终拧
5	钢丝刷	铁皮底座	把	1	用于清除摩擦面的浮锈、油污等
6	手工扳手	8寸	把	2	用于普通螺栓的初拧、终拧
7	锤子	0.5kg	把	2	组长负责领、收
8	钢卷尺	5m	卷	2	组长负责领、收
9	手拉葫芦	5t	个	1	组长负责领、收
10	钢丝绳	现场定	根	2	组长负责领、收
11	吊钩	现场定	个	4	组长负责领、收
12	千斤顶	现场定	个	1	各组公用
13	安全帽	《安全帽》GB 2811—2007	顶	每人 1 顶	—
14	防护手套	《针织民用手套》FZ/T 73047—2013	双	每人 1 双	—

12.3.5　注意事项

（1）每组派一人管理工具，禁止在施工现场打闹、吸烟。

（2）进入施工现场务必穿好工作服、戴好安全帽。

（3）起吊前必须检查是否绑扎牢靠，起吊过程中人与钢屋架必须保持一定安全距离。

（4）安装时要确认把螺栓拧紧。

（5）安装后必须由实训老师进行质量合格验收。

12.4　实训操作

12.4.1　钢屋架吊装绑扎

（1）本项目钢屋架的跨度小于 18m，所以采用两点绑扎；

（2）绑扎时，吊索与水平线的夹角不宜小于 45°，以免钢屋架上弦承受的压力过大。

12.4.2 钢屋架吊装作业

（1）钢屋架吊装前，应用经纬仪或其他工具在柱顶放出建筑物的定位轴线。若柱顶截面中线与定位轴线偏差过大，应当调整纠正。

（2）钢屋架吊升时，应先调离地面约 300mm，然后将钢屋架转至吊装位置下方，再将屋架提升超过柱顶约 30cm，然后将钢屋架缓慢降至柱顶，进行对位。

（3）钢屋架对位应以建筑物的定位轴线为准。

（4）钢屋架对位后，应将钢屋架扶直。根据起重机与钢屋架相对位置的不同，屋架扶直的方式也不相同，有如下两种方法：

① 正向扶直：起重机位于钢屋架下弦一侧，扶直时钢屋架以下弦为轴缓缓转直；

② 反向扶直：起重机位于钢屋架上弦一侧，扶直时钢屋架以下弦为轴缓缓转直。

（5）钢屋架扶直后应立即进行就位。

（6）安装第一榀钢屋架时，在松开吊钩前，做初步校正，对准屋架基座中心线与定位轴线就位，并调整屋架垂直度并检查屋架侧向弯曲。

（7）第二榀屋架同样吊装就位后，不要松钩，跟着安装支撑系统及部分檩条，最后校正固定的整体。

（8）从第三榀开始，在屋架脊点及上弦中点装上檩条即可将屋架固定，同时将屋架校正好。

12.4.3 钢屋架校正

钢屋架校正可采用经纬仪校正，在屋架上弦安装三把标尺（一把安放于屋架中央，两把安放于屋架两端），自屋架上弦几何中心线量出 500mm，在标尺上做出标志。在距屋架中线 500mm 处地面上设经纬仪，若三把标尺上的标志在同一垂直面上，则屋架垂直度校正完毕。

钢屋架校正完毕后，拧紧屋架临时固定支撑的两端螺杆和屋架两端搁置处的螺栓，随即安装桁架永久支撑系统。

12.5 成果验收

成果验收是对实训结果进行系统的检验和考察。满堂脚手架搭设完成后，应该严格按照满堂脚手架的质量检测方法和标准进行满堂脚手架的验收。根据《钢结构工程施工质量验收规范》GB 50205—2001 的规定，钢屋架、梁及受压件垂直度和侧向弯曲矢高的允许偏差及部分验收内容见表 12-5。

表 12-5

钢屋架检查验收表（mm）

项　目		允许偏差	实际偏差
跨中的垂直度		$h/250$，且不应大于 15.0	
侧向弯曲矢高 f	$l \leqslant 30\text{m}$	$l/1000$，且不应大于 10.0	
	$30 < l \leqslant 60\text{m}$	$l/1000$，且不应大于 30.0	
	$l > 60\text{m}$	$l/1000$，且不应大于 50.0	

12.6 总结评价

参照表 12-6，对实训过程中出现的问题、原因以及解决方法进行回顾分析总结，并与实训小组的同学共同讨论，将思考和讨论结果填入表中。

实训总结表   表 12-6

组号		小组成员		日期	
实训中的问题：					
问题的原因：					
问题解决方案：					
实训体会：					

12.7 拓展内容：钢构件的预拼装

拼装工序亦称装配、组装，是把制备完成的半成品和零件按图纸规定的运输单元，装成构件或其部件，然后再在施工现场连接成为整体，以缩短工期。钢构件常用的预拼装方法主要有平装法、立拼拼装法和模具拼装法三种方法。

12.7.1 平装法

平装法即将构件平放拼装，拼装后扶直吊运，如图 12-3 所示。平装法操作方便，不需稳定加固措施，不需搭设脚手架，焊缝大多为平焊缝，焊接操作简易，不需技术很高的焊接工人，焊缝质量易于保证；校正及起拱方便、准确。一般适用于小跨度构件，如长 18m 以内的钢柱、跨度 6m 以内的天窗架及跨度 21m 以内的钢屋架的拼装。

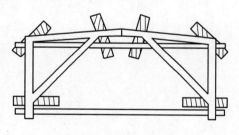

图 12-3 钢构件平装法

12.7.2 立拼拼装法

立拼拼装法适用于侧向刚度较差的大跨度屋架，拼装大跨度构件时，采用立拼可减少移动和扶直工序。对于一些侧向刚度较差的构件如屋架，在拼装、焊接、翻身扶直及吊装的过程中，为了防止变形和开裂，一般都用横杆或脚架进行临时加固，如图 12-4 所示。立拼拼装法占地面积小；不用铺设或搭设专用拼装操作平台或枕木墩；适于跨度较大、侧

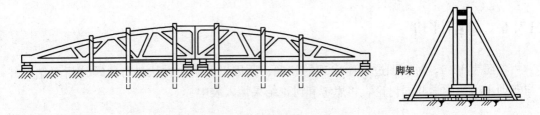

脚架

图 12-4　钢构件立拼拼装法

向刚度较差的钢结构，如 18m 以上的钢柱、跨度 9m 及 12m 的窗架、24m 以上钢屋架以及屋架上的天窗架的拼装。

12.7.3　模具拼装法

模具是指符合工件几何形状或轮廓的模型（内模或外模）。用模具来拼装组焊钢结构，具有产品质量好、生产效率高等许多优点。对成批的板材结构、型钢结构，应当考虑采用模具拼装。屋架结构的模具拼装，往往是以两点连直线的方法制成，其结构简单，使用效果好，如图 12-5 所示。

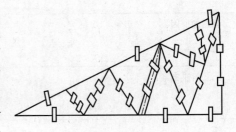

图 12-5　模具拼装法

思　考　题

（1）与实腹式钢构件相比钢屋架有什么特点？

（2）钢屋架吊装时的绑扎点该如何确定？

（3）钢屋架安装时的基准点如何确定？

（4）钢屋架扶直的方式有哪几种？

（5）当每榀钢屋架吊装到位后，应当怎样进行校核？

任务 13　钢屋架水平支撑安装

　　横向水平支撑是指在两个相邻屋架之间（或屋架和山墙之间）、在屋架上弦或下弦平面内沿房屋横向设置的水平桁架。根据其所在位置的不同，设置在屋架上弦平面内的称为上弦水平支撑，设置在屋架下弦平面内的称为下弦水平支撑。水平支撑可起到增加钢结构屋盖的整体刚度的作用。设置横向水平支撑可增加屋架弦杆的侧向稳定性、减小弦杆平面外的计算长度，从而达到节约钢材的目的。水平支撑安装一般需高空作业，是钢结构施工安全管理及质量管理的重要部分。图 13-1 为施工实训安装水平支撑的照片。

图 13-1　水平支撑安装

13.1　实训任务

　　本节实训是在完成门式刚架或屋架的基础上根据其平面布置图完成水平支撑的安装和验收。

13.2　实训目标

　　了解水平支撑的分类及作用；理解水平支撑的受力原理、构造要点和施工规范；熟悉水平支撑安装的安全技术要求及措施；掌握水平支撑的安装工艺及流程；掌握水平支撑的质量验收要求。

　　能根据施工图纸并查阅施工手册，熟练计算水平支撑构件及部件的材料用量，制作材料表；能制定水平支撑安装施工方案，能够进行水平支撑安装施工；能进行水平支撑的安装质量检验及验收；能够借助于施工手册，解决施工中所遇到的问题。

　　树立团队工作意识，养成学生与他人协调合作的习惯；培养学生安全生产责任意识，养成学生施工安全防护习惯；培养学生工匠精神，养成严谨、细致、认真的工作态度。

13.3 实训准备

13.3.1 知识准备

识读施工图纸（附图 18、附图 19），查阅教材及相关资料，回答表 13-1 中的问题，并填入所参考的相关资料名称和学习中所遇到的其他问题。根据实训分组，针对表中的问题分组进行讨论。

问题讨论记录表 　　　　　表 13-1

组号		小组成员		日期	
问题		问题解答		参考资料	
1. 水平支撑在钢结构中该如何布置？					
2. 水平支撑的花篮螺栓有何作用？					
3. 支撑与刚架的连接处为什么要做成圆弧状？					
4. 其他问题					

13.3.2 技术准备

根据实训施工图纸（附图 18、附图 19），在表 13-2 中列出水平支撑布置的位置、安装步骤和方法最后写出质量控制要点和质量检验方法。在此基础上确定整个水平支撑安装的方案，完成表 13-2。

水平支撑安装方案 　　　　　表 13-2

组号		小组成员		日期	
通过平面图在现场确定安装部位					
水平支撑安装的步骤和方法					
质量控制要点及质量检验方案					

13.3.3 材料准备

根据结构施工图,计算刚架横梁水平支撑或屋架上弦水平支撑的材料用量,列出材料表。水平支撑施工图如附图 18 所示。作为示例,该图中也画出了水平支撑杆件 SC-2 的加工图。根据加工图可以算出 SC-2 材料用量,见表 13-3。列出安装水平支撑 SC-2 的螺栓清单,见表 13-4。

屋架上弦水平支撑 SC-2 的材料表 表 13-3

构件名称		屋架上弦水平支撑		构件数量	8	总重量	20.0kg	
构件编号	部件编号	规格	长度(mm)	材质	数量	单重(kg)	总重(kg)	表面积(m²)
2-SC-2	P-37	PL6×60	130	Q345B	2	0.4	0.8	0.02
	P-77	D12	2182	Q345B	1	1.7	1.7	0.08

屋架上弦水平支撑安装螺栓清单 表 13-4

螺栓清单	所属构件	上弦平面支撑	构件数	8
规格	长度	数量	标准	备注
M12	35	16	C	上弦水平支撑 2-SC-2 安装

附图 19 为屋架下弦水平支撑及系杆的布置图。作为示例,该图中也画出了屋架下弦系杆 XG-2 的加工图。根据加工图可以算出 XG-2 材料用量,见表 13-5。列出安装系杆 XG-2 的螺栓清单,见表 13-6。

屋架下弦系杆 2-XG-2 的材料表 表 13-5

构件名称		屋架下弦系杆		构件数量	3	总重量	25.8kg	
构件编号	部件编号	规格	长度(mm)	材质	数量	单重(kg)	总重(kg)	表面积(m²)
2-XG-2	P-34	PL6×80	150	Q345B	1	0.6	0.6	0.03
	P-35	PL6×80	150	Q345B	1	0.6	0.6	0.03
	P-72	PIP60×3	1754	Q345B	1	7.4	7.4	0.33

屋架下弦系杆 2-XG-2 安装螺栓清单 表 13-6

螺栓清单	所属构件	屋架下弦系杆	构件数	3
规格	长度	数量	标准	备注
M12	35	6	C	屋架下弦系杆 2-XG-2 安装

13.3.4 工具及防护用品准备

各组按照施工要求编制工具及防护用品清单见表 13-7。经指导老师检查核定后,方可领取工具,各组领出的工具要有编号,并对领出的物品进行登记和经手人签名。机具等用品运到实训现场,应做清点。领取的工具及防护用品应经过严格检查,禁止使用不符合规范要求的工具及防护用品。

实训工具及防护用品计划表　　　　　　　表 13-7

序号	名称	规格	单位	数量	备注
1	钢丝刷	铁皮底座	把	1	用于清除摩擦面的浮锈、油污等
2	手工扳手	8寸	把	2	用于螺栓安装
3	安全帽	《安全帽》GB 2811—2007	顶	1	每人1顶
4	防护手套	《针织民用手套》FZ/T 73047—2013	双	1	每人1双

13.3.5 注意事项

（1）进入施工现场务必穿好工作服、戴好安全帽。

（2）安装时要确认把螺栓拧紧。

（3）安装后必须进行质量合格验收。

13.4　实训操作

先根据两个工程平面图，了解水平支撑的种类、型号及布置的位置，以确保安装到了正确的位置。在看完立面图之后再看构件图，使构件与图例逐一对应，然后再开始安装。

花篮螺栓是在安装完成后，通过旋转进行调节，控制其松紧程度。

13.5　成果验收

成果验收是对实训的结果进行系统的检验和考查。在所有的水平支撑（包括上下弦）安装完成后开始进行验收，部分验收内容见表13-8。

柱间支撑安装的允许偏差（mm）　　　　　　　表 13-8

项　目	允许偏差	实际偏差
侧向弯曲矢高	$l/1000$ 且不应大于 10.0	

13.6　总结评价

参照表13-9，对实训过程中出现的问题、原因以及解决方法进行回顾分析总结，并与实训小组的同学共同讨论，将思考和讨论结果填入表中。

实训总结表　　　　　　　　　　　　　　　　　　　　表 13-9

组号		小组成员			日期	
实训中的问题：						
问题的原因：						
问题解决方案：						
实训体会：						

13.7　拓展内容：钢结构的支撑布置

　　轻钢门式刚架建筑物的横向稳定性，是通过设计适当刚度的刚架结构来抵抗所承受的横向荷载来保证的。由于其纵向结构刚度较弱，于是需要沿建筑物的纵向设置支撑以保证其纵向稳定性。支撑系统的主要目的是把施加在建筑物纵向上的风、起重机、地震等荷载从其作用点传到柱基础最后传到地基。

　　支撑布置原则应满足以下要求：

　　(1) 柱间支撑和屋面支撑应设置同一开间内，如在第二开间，设刚性系杆。

　　(2) 无吊车时一般设张紧的圆钢支撑，有吊车时一般设角钢或双角钢支撑。

　　(3) 圆钢与构件的夹角应在 $30°\sim60°$ 范围内，宜接近 $45°$。

　　(4) 柱间支撑的间距当无吊车时宜取 $30\sim45$m；当有吊车时宜设在温度区段中部，或当温度区段较长时宜设在三分点处，间距不宜大于 60m。

思　考　题

　　(1) 水平支撑在单层排架结构中的作用是什么？

　　(2) 水平支撑有哪些类型？

　　(3) 水平支撑若采用焊接连接时有哪些要求？

　　(4) 请简述水平支撑安装步骤。

　　(5) 水平支撑验收时其侧向弯曲矢高允许值是多少？

任务 14　钢 檩 条 安 装

　　檩条亦称为桁、桁条、檩子，是设置在山墙间、屋架间或屋架和山墙间的小梁，用于支撑椽子或屋面板。檩条一般用钢、木或钢筋混凝土做成。在钢结构房屋中，一般用钢檩条。钢檩条又可以分成由型钢制作的实腹式檩条和由轻钢焊接而成的空腹式檩条。檩条安装一般需高空作业，是钢结构施工安全管理及质量管理的重要部分。图 14-1 为施工实训檩条安装的照片。

图 14-1　檩条安装

14.1　实训任务

　　在整个结构主体安装完成后，把檩条安装到屋架和钢梁上，最后再进行检验和校正。

14.2　实训目标

　　了解檩条在整个钢结构屋盖体系中的作用；了解檩条的种类；理解檩条的受力原理、构造要点和施工规范；了解檩条制作的工艺流程；掌握檩条安装的技术要点及质量要求；掌握檩条安装施工的安全要求。

　　能根据施工图纸并查阅施工手册，熟练计算檩条及部件的材料用量，制作材料表；能制定檩条安装施工方案，并能进行檩条安装施工；能够进行檩条的安装质量检验及验收；能够借助于施工手册，解决施工中所遇到的问题。

　　树立团队工作意识，养成学生与他人协调合作的习惯；培养学生安全生产责任意识，养成施工安全防护习惯；培养学生工匠精神，养成严谨、细致、认真的工作态度。

14.3　实训准备

14.3.1　知识准备

查阅教材及相关资料，回答表 14-1 中的问题，并填入所参考的相关资料名称和学习中所遇到的其他问题。根据实训分组，针对表中的问题分组进行讨论。

问题讨论记录表

表 14-1

组号		小组成员		日期	
问题		问题解答		参考资料	
1. 钢结构中的檩条的截面有哪几种常见的形式？					
2. 钢结构中的檩条布置有何要求？					
3. 钢结构中的檩条在结构中的主要作用是什么？					
4. 其他问题					

14.3.2　技术准备

识读施工图纸（附图 18），确定檩条的安装位置。对小组讨论得出的结果进行总结和分析后，根据实训施工图纸，各组分别制定各自的安装方案，绘制各自的檩条安装简图。并填于表 14-2，进行展示和介绍，每小组展示时，其他组可进行提问、讨论等。通过讨论交流与教师点评，全体学生选出最优的檩条安装方案。

工作任务表

表 14-2

组号		小组成员		日期	
钢结构檩条的平面布置图、截面图					
钢结构檩条吊装及安装的流程					
质量控制要点及质量检查方法					

14.3.3　材料准备

根据结构施工图纸（附图 18），可以看出檩条的布置要求。根据结构施工图纸（附图 20），可以计算刚架屋面或屋架屋面檩条的材料用量，列出材料表，见表 14-3。列出安装用螺栓清单，见表 14-4。

檩条材料表   表 14-3

构件名称		檩条		构件数量	30	总重量		603.0kg	
构件编号	部件编号	规格	长度(mm)	材质	数量	单重(kg)	总重(kg)	表面积(m²)	
2-LT-1	P-63	C10	1990	Q345B	18	19.9	358.2	0.73	
2-LT-2	P-64	C10	2035	Q345B	3	20.4	61.2	0.74	
2-LT-3	P-65	C10	2035	Q345B	3	20.4	61.2	0.74	
2-LT-4	P-66	C10	2038	Q345B	3	20.4	61.2	0.74	
2-LT-5	P-67	C10	2038	Q345B	3	20.4	61.2	0.74	

檩条安装螺栓清单   表 14-4

所属构件	构件数	规格	长度	数量	标准	备注
2-LT-1	18	M12	30	36	C	2-WL-3
		M12	30	36	C	2-WL-6
2-LT-2	3	M12	30	6	C	2-WL-2
		M12	30	6	C	2-WL-4
2-LT-3	3	M12	30	6	C	2-WL-1
		M12	30	6	C	2-WL-3
2-LT-4	3	M12	30	6	C	2-WL-8
		M12	30	6	C	2-WL-9
2-LT-5	3	M12	30	6	C	2-WL-6

14.3.4 工具及防护用品准备

各组按照施工要求编制工具及防护用品清单见表 14-5。经指导老师检查核定后，方可领取工具，各组领出的工具要有编号，并对领出的物品进行登记和经手人签名。机具等用品运到实训现场，应做清点。领取的工具及防护用品应经过严格检查，禁止使用不符合规范要求的工具及防护用品。

实训工具及防护用品计划表   表 14-5

序号	名称	规格	单位	数量	备注
1	手工扳手	8寸	把	2	用于普通螺栓的初拧、终拧
2	钢卷尺	5m	卷	2	组长负责领、收
3	手拉葫芦	5t	个	1	组长负责领、收
4	钢丝绳	现场定	根	2	组长负责领、收
5	安全帽	《安全帽》GB 2811—2007	顶	1	每人1顶
6	防护手套	《针织民用手套》FZ/T 73047—2013	双	1	每人1双

14.3.5　注意事项

（1）吊装前应在地面检查材料质量，如遇变形较大的檩条时，应放置一边，另选檩条进行吊装。

（2）所有工作人员必须佩戴安全帽，高空作业人员必须系好安全带。高空作业人员需携带工具包，装好螺丝、扳手等，防止高空坠落、砸伤事故。

（3）若檩条上螺丝孔与檩托板上螺丝孔不对应时，需按规范要求进行适当处理。处理时，地面安全管理人员需保证作业位置对应的地面无活动人员。

（4）塔吊司机需严格按照塔吊操作规程进行作业，如遇大风、暴雨天气，需马上停止吊装，并使塔吊保持空钩状态。

（5）屋面檩条安装前，先确定各轴线之间的距离是否与图纸一致，不一致时应先行调整；安装时，需注意不同轴线同一位置的檩条标高，按照设计图纸要求进行安装，避免返工。

14.4　实训操作

操作内容主要有：提出进料计划、工厂加工、材料进场、现场地面加工、吊装固定、检查验收。

现场加工包括：C 型钢背靠背檩条制作，将两个 C 型钢用直径 10mm 的光圆钢筋连接（每隔 1m，用两个 5cm 长的钢筋连接，上下各一个）。

吊装固定时，屋面应有 1 人，地面至少有 2 人，选择合理的吊点，吊起后进行定位；连接时，若檩条的螺丝孔与檩托板螺丝孔不对应时，应按规范标准，进行适当处理。

屋面檩条安装完成后，向监理报验，进行檩条安装工程的验收。

14.5　成果验收

成果验收是对实训结果进行系统的检验和考查。檩条安装完成后，应该严格按照檩条的质量检测方法和标准进行验收。部分验收内容见表 14-6。

檩条检查验收表　　　　　　　　　　　　　　　　表 14-6

项目	检验方法	允许偏差（mm）	实际偏差
檩条的安装误差	钢尺检查	±5	
弯曲偏差	拉线和钢尺检查	$L/750$ 且不大于 20.0	

注：L 为檩条的跨度。

14.6　总结评价

参照表 14-7，对实训过程中出现的问题、原因以及解决方法进行回顾分析总结，并与实训小组的同学共同讨论，将思考和讨论结果填入表中。

实训总结表   表 14-7

组号		小组成员		日期	

实训中的问题：

问题的原因：

问题解决方案：

实训体会：

思 考 题

(1) 檩条的作用有哪些？

(2) 檩条的安装有哪些注意事项？

(3) 若在安装檩条时遭遇较大风力，应该如何操作？

(4) 若檩条的螺丝孔与檩托板螺丝孔不对应时如何处理？

(5) 檩条安装就位后该如何进行验收？

任务 15　钢结构工程竣工验收及资料归档

验收是施工中的最后一个环节，也是杜绝质量隐患的最后一道关卡。在建筑交付给用户使用之前，应解决所有的质量问题。钢结构工程有分包单位施工时，分包单位对所承包的分部（子分部）工程、分项工程应组织相应的验收。总包单位和分包单位均以施工单位身份，派出相应人员参加验收检验。根据现行国家标准《建筑工程施工质量验收统一标准》GB 50300—2013 的规定，当主体结构均为钢结构时应按分部工程进行竣工验收，钢结构作为主体结构之一时应按子分部工程进行竣工验收，大型钢结构工程可划分成若干个子分部工程进行竣工验收。

建设工程文件是指在工程建设过程中形成的各种形式的信息记录，包括工程准备阶段文件、监理文件、施工文件、竣工图和竣工验收文件。文件归档是指文件形成单位完成其工作任务后，将形成的文件整理立卷后，按规定移交档案管理机构。工程文件的归档范围应包括与工程建设有关的重要活动、记载工程建设主要过程和现状、在工程建设活动中直接形成的具有保存价值的各种载体的文献资料，可以是文字、图纸、图表、声像、电子文件等各种形式的历史记录。文件归档应遵循文件的形成规律，保持文件之间的有机联系，区分不同价值的文件，以便于文件的保管和利用。

15.1　实训任务

在完成了前面相关的实训任务以后，进行一次分项工程和分部工程的验收，完成工程资料的整理、归档、移交等工作。

15.2　实训目标

熟悉钢结构施工质量验收的项目；熟悉钢结构各分项工程质量验收的标准；理解分项工程和分部工程验收的程序、要求；掌握钢结构工程竣工验收资料组成。

能够参与钢结构分项工程验收；能够参与钢结构分部工程验收的工作；能够参与钢结构单位工程验收的工作；能够独立完成钢结构工程竣工资料的整理、归档和移交。

养成吃苦耐劳、团队合作的精神；养成分析问题和解决问题的综合素质；养成精细操作的工作态度。

15.3 实训准备

15.3.1 知识准备

阅读国家相关标准，如《建筑工程施工质量验收统一标准》GB 50300—2013、《钢结构工程施工质量验收规范》GB 50205—2001、《建设工程文件归档规范》GB/T 50328—2014 等，查阅教材及相关资料，回答表 15-1 中的问题，并填入所参考的相关资料名称和学习中所遇到的其他问题。根据实训分组，针对表中的问题分组进行讨论。

表 15-1

问题讨论记录表

组号		小组成员			日期	
问题		问题解答			参考资料	
1. 钢结构工程竣工验收资料有哪些？						
2. 钢结构原材料的质量验收标准是什么？						
3. 钢结构各分部、分项工程的质量验收标准是什么？						
4. 其他问题						

15.3.2 资料准备

进行钢结构分部工程竣工验收时，应准备好下列资料、文件和记录：

（1）钢结构工程竣工图纸及其他相关设计文件；

（2）施工现场质量管理检查记录；

（3）有关安全及功能的检验和见证检测项目检查记录；

（4）有关观感质量检验项目检查记录；

（5）分部工程所含各分项工程质量验收记录；

（6）分项工程所含各检验批质量验收记录；

（7）强制性条文检验项目检查记录及证明文件；

（8）隐蔽工程检验项目检查验收记录；

（9）原材料成品质量合格证明文件及性能检测报告；

（10）不合格项的处理记录及验收记录；

（11）重大质量技术问题实施方案及验收记录；

（12）其他有关文件和记录。

此外，应准备好与验收内容相关的标准、规范、手册，以备需要时查阅。

15.3.3 工具及防护用品准备

各组按照施工要求编制工具及防护用品清单，参见表 15-2。经指导老师检查核定后，方可领取工具，各组领出的工具要有编号，并对领出的物品进行登记和经手人签名。机具等用品运到实训现场，应做清点。领取的工具及防护用品应经过严格检查，禁止使用不符合规范要求的工具及防护用品。

实训工具及防护用品计划表　　　　　　　　　　　表 15-2

序号	名称	规格	单位	数量	备注
1	电子经纬仪	DJ$_6$	台	1	组长负责领、收
2	自动安平水准仪	DS$_3$	台	1	组长负责领、收
3	磁力线坠	3m	个	1	用于垂直度检查
4	钢直尺	150mm	把	1	组长负责领、收
5	塞尺	100B8s	把	1	用于间隙间距检测
6	钢卷尺	3m	把	1	组长负责领、收
7	直角尺	300×200	把	1	用于垂直度检查
8	放大镜	10 倍	个	1	组长负责领、收
9	厚度测量仪	现场定	个	1	用于涂层厚度检查

15.3.4　注意事项

（1）穿实训服，衣服袖口有缩紧带或纽扣，不准穿拖鞋；

（2）戴安全帽，留辫子的同学必须把辫子扎在头顶，且安全帽要系好下颚带；

（3）由任课老师负责实训指导与检查督促、验收。

15.4　实训内容

15.4.1　确定钢结构验收项目的层次

钢结构验收应按分部工程、分项工程和检验批三个层次进行。

（1）分部工程

一般来讲，钢结构工程是作为主体结构分部工程中的子分部工程，当所有主体结构均为钢结构时，钢结构工程就是分部工程。

（2）分项工程

钢结构分项工程是按主要工种、施工方法及专业系统划分，一般可分为焊接工程、紧固件连接工程、钢零件及钢部件加工工程、钢构件组装工程、钢构件预拼装工程、单层钢结构安装工程、多层及高层钢结构安装工程、大跨度空间钢结构安装工程、压型钢板工程、钢结构涂装工程 10 个分项工程。

（3）检验批

检验批验收是最小的验收单位，也是最基本、最重要的验收工作内容，其他分部工程、分项工程及单位工程的验收都是基于在检验批验收合格的基础上进行验收。钢结构检验批的划分遵照如下原则：

1）单层钢结构可按变形缝划分检验批；

2）多层及高层钢结构可按楼层或施工段划分检验批；

3）钢结构制作可根据制造厂（车间）的生产能力按工期段划分检验批；

4）钢结构安装可按安装形成的空间刚度单元划分检验批；

5）材料进场验收可根据工程规模及进料实际情况合并成 1 个检验批或分解成若干个检验批；

6）压型钢板工程可按屋面、墙面、楼面划分。

15.4.2 钢结构施工质量等级评定

质量验收是在施工结束后对工程项目进行系统的检查和考察，按表 15-3、表 15-4 填写相关项目的工程质量验收记录。

分项工程质量验收记录 表 15-3

单位工程名称		分部工程名称			
分项工程数量		检验批数量			
序号	检验批名称	检验批容量	部位/区段	检查结果	验收结论
1					
2					
3					
……					

说明：

分部工程质量验收记录 表 15-4

单位工程名称			子分部工程数量		分项工程数量	
序号	子分部工程名称	分项工程名称	检验批数量	检查结果		验收结论
1						
2						
3						
质量控制资料						
安全和功能检验结果						
观感质量检验结果						
综合验收结论						

根据验收记录，依据分项工程质量等级评定标准表 15-5，评定分项工程的质量等级。依据分部工程的质量等级评定标准表 15-6，评定分部工程的质量等级。依据单位工程的

质量等级评定标准表 15-7，评定单位工程的质量等级。

分项工程质量等级评定标准　　　　　表 15-5

等级	合格	优良
保证项目	全部符合标准	全部符合标准
基本项目	全部合格	60％以上优良，其余合格
允许偏差项目	90％及以上实测值在标准规定允许偏差范围内，其余值基本符合标准规定	90％及以上实测值在标准规定允许偏差范围内，其余值基本符合标准规定

分部工程质量等级评定标准　　　　　表 15-6

等级	合格	优良
所含分项工程	全部合格	包括主体分项工程在内的 60％及以上分项工程为优良，其余合格

单位工程质量等级评定标准　　　　　表 15-7

等级	合格	优良
所含分部工程	全部合格	60％以上优良，其余合格
质量保证资料	齐全	齐全
观感质量评分	70％及以上	90％及以上

15.4.3　工程文件的整理立卷

建设单位应按下列流程开展工程文件的整理、归档、验收、移交等工作：

（1）在工程招标及与勘察、设计、施工、监理等单位签订协议、合同时，应明确竣工图的编制单位、工程档案的编制套数、编制费用及承担单位、工程档案的质量要求和移交时间等内容；

（2）收集和整理工程准备阶段形成的文件，并进行立卷归档；

（3）组织、监督和检查勘察、设计、施工、监理等单位的工程文件的形成、积累和立卷归档工作；

（4）收集和汇总勘察、设计、施工、监理等单位立卷归档的工程档案；

（5）收集和整理竣工验收文件，并进行立卷归档；

（6）在组织工程竣工验收前，提请当地的城建档案管理机构对工程档案进行预验收；未取得工程档案验收认可文件，不得组织工程竣工验收；

（7）对列入城建档案管理机构接收范围的工程，工程竣工验收后 3 个月内，应向当地城建档案管理机构移交一套符合规定的工程档案。

立卷是指按照一定的原则和方法，将有保存价值的文件分门别类整理成案卷，亦称组卷。立卷应采用下列方法：

（1）工程准备阶段文件应按建设程序、形成单位等进行立卷；

（2）监理文件应按单位工程、分部工程或专业、阶段等进行立卷；

（3）施工文件应按单位工程、分部（分项）工程进行立卷；

（4）竣工图应按单位工程分专业进行立卷；

（5）竣工验收文件应按单位工程分专业进行立卷。

根据《建设工程文件归档规范》GB/T 50328—2014（以下简称归档规范）规定，立卷工作按照下列流程进行：

（1）对属于归档范围的工程文件进行分类，确定归入案卷的文件材料。根据归档规范的规定，建设工程文件归档范围应包括：工程准备阶段文件、监理文件、施工文件、竣工图、竣工验收文件五部分，具体的文件归档范围见归档规范。

（2）对卷内文件材料进行排列、编目、装订（或装盒）。具体工作包括：卷内文件排列，案卷编目，案卷装订与装具等。

（3）排列所有案卷，形成案卷目录。

15.4.4 工程档案移交

建设单位应当自工程竣工验收合格之日起3个月内，将形成的文件整理立卷后，按规定向本单位档案室或向城建档案管理机构移交。归档时间应符合下列规定：根据建设程序和工程特点，归档可分阶段分期进行，也可在单位或分部工程通过竣工验收后进行；勘察、设计单位应在任务完成后，施工、监理单位应在工程竣工验收前，将各自形成的有关工程档案向建设单位归档。当建设单位向城建档案管理机构移交工程档案时，应提交移交案卷目录，办理移交手续，双方签字、盖章后方可交接。

城建档案管理机构在进行工程档案预验收时，应查验下列主要内容：

（1）工程档案齐全、系统、完整，全面反映工程建设活动和工程实际状况；

（2）工程档案已整理立卷，立卷符合本归档规范的规定；

（3）竣工图的绘制方法、图式及规格等符合专业技术要求，图面整洁，盖有竣工图章；

（4）文件的形成、来源符合实际，要求单位或个人签章的文件，其签章手续完备；

（5）文件的材质、幅面、书写、绘图、用墨、托裱等符合要求；

（6）电子档案格式、载体等符合要求；

（7）声像档案内容、质量、格式符合要求。

根据本实训项目内容及建筑工程文件归档范围表，逐项收集、检查归档文件。根据归档规范，学习模拟本实训项目工程档案的预验收过程，并学会办理相关移交手续，填写城市建设档案移交目录（表15-8），资料管理通用目录（表15-9），城市建设档案移交书（图15-1）。

表 15-8

城市建设档案移交目录

序号	工程项目名称	案卷题名	形成年代	数量						备注
				文字材料		图样材料		综合卷		
				册	张	册	张	册	张	

资料管理通用目录　　　　　　　　　　表 15-9

工程名称			资料类别		
序号	内容摘要	编制单位	日期	资料编号	备注

城市建设档案移交书

编号：

_____ 向_____ 移交_____ 工程

档案资料共计_____卷(盒)。其中：文字材料_____卷(盒)，

图纸_____卷(盒)，图纸_____张，其他材料_____卷(盒)。

附：本工程建设档案目录一式三份，共　　张。

移交单位：　　　　　　　　　接收单位：

单位负责人：　　　　　　　　单位负责人：

移交人：　　　　　　　　　　接收人：

移交日期：　　年　月　日

说明：1. 此移交书作为城建档案馆接收工程档案资料的凭证，

　　　 2. 此移交书一式两份，一份由建设单位留存，一份由城建档案馆留存。

图 15-1　城市建设档案移交书

15.5　总结评价

对实训过程中出现的问题、原因以及解决方法进行回顾分析总结，并与实训小组的同学共同讨论，将思考和讨论结果填入表 15-10 中。

实训总结表   表 15-10

组号		小组成员		日期	

实训中的问题：

问题的原因：

问题解决方案：

实训体会：

思 考 题

（1）什么是分部工程？

（2）钢结构工程检验批的划分应遵循哪些原则？

（3）单位工程质量等级是如何划分和确定的？

（4）钢结构分部工程验收时需提供哪些文件和记录？

（5）建设单位应当自工程竣工验收合格之日起多少日内向备案机关备案？

（6）资料移交是由哪个单位移交给哪个单位？

（7）资料移交需要办理哪些手续？

（8）资料管理通用目录与立卷目录有什么区别？

附录 结构施工图

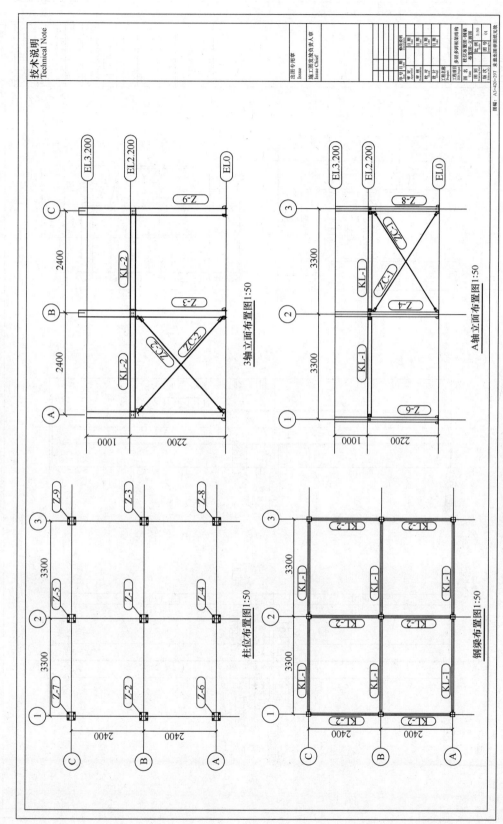

附图 1 框架柱位布置图、框架梁布置图、支撑布置立面图

107

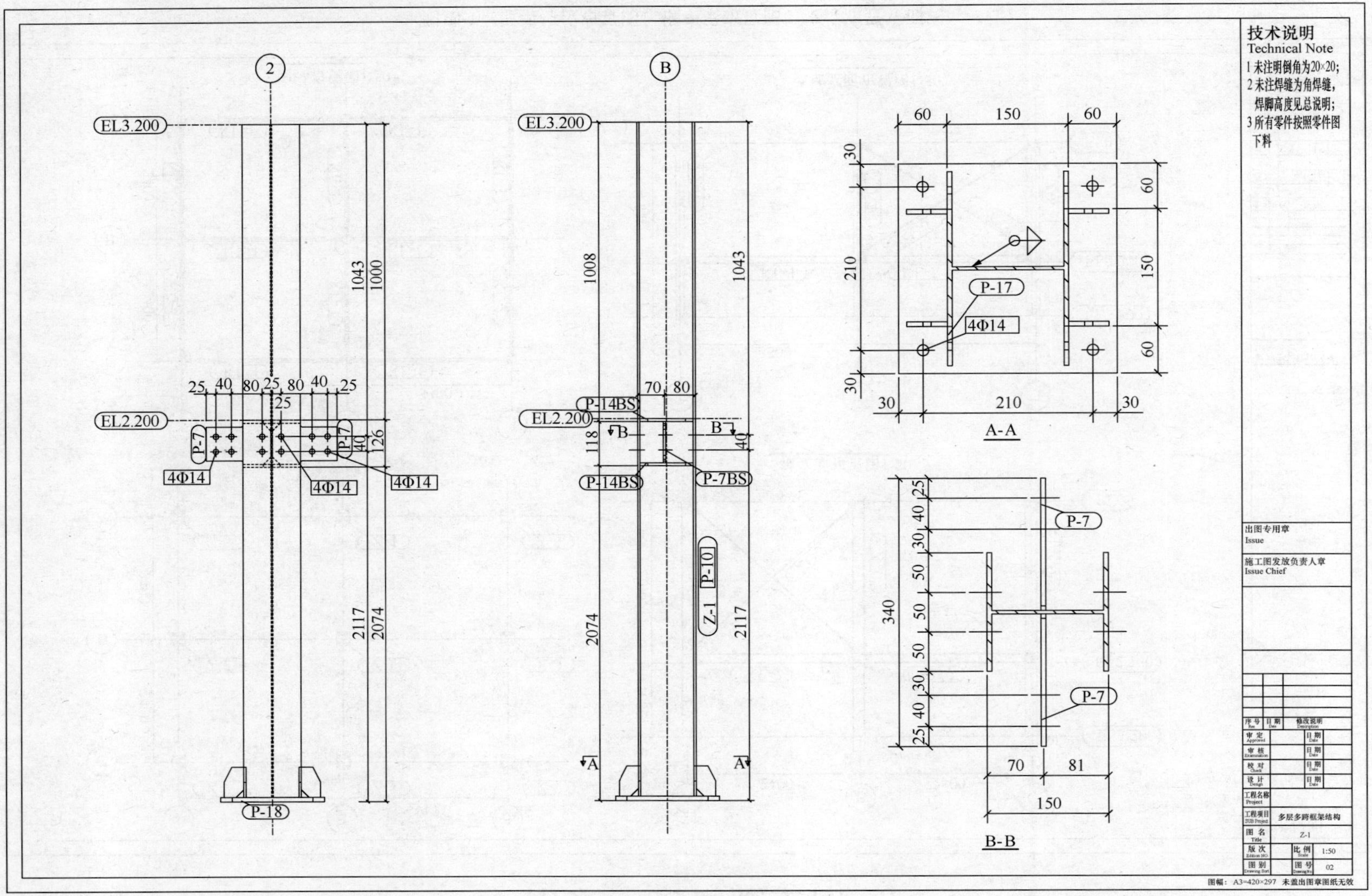

附图 2　框架柱 Z-1 施工图

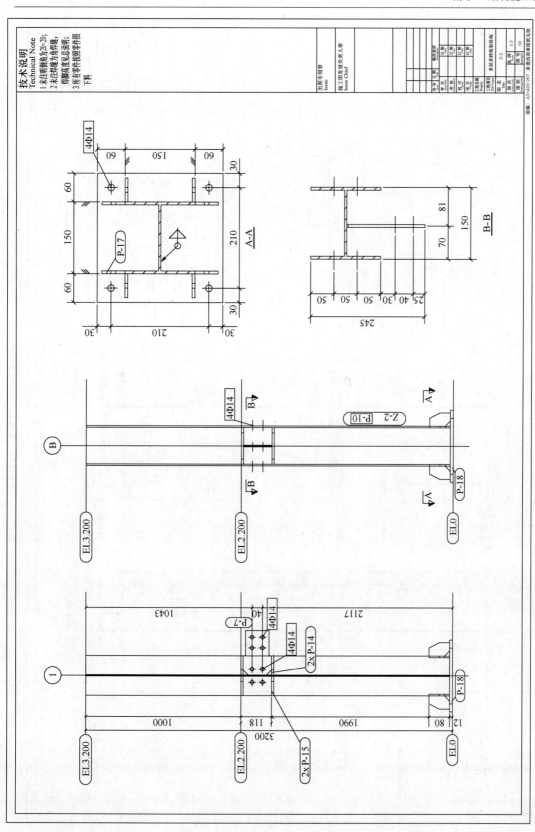

附图3 框架柱Z-2施工图

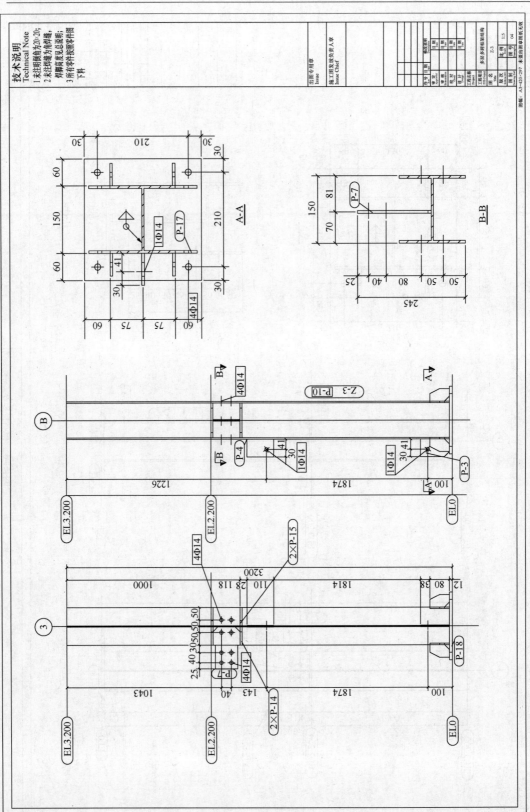

附图 4　框架柱 Z-3 施工图

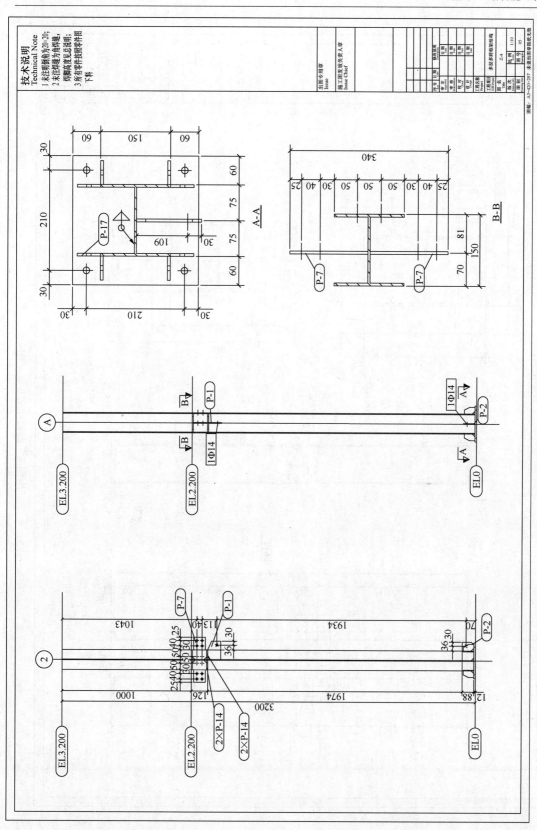

附图 5 框架柱 Z-4 施工图

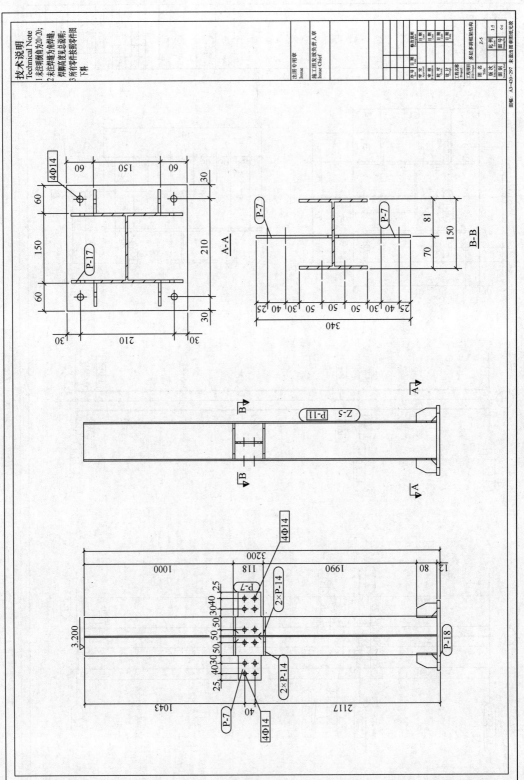

附图 6　框架柱 Z-5 施工图

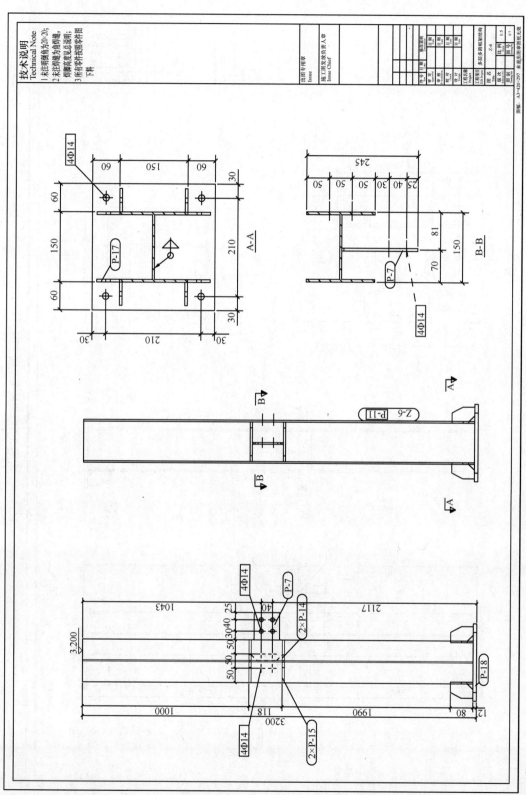

附图7　框架柱Z-6施工图

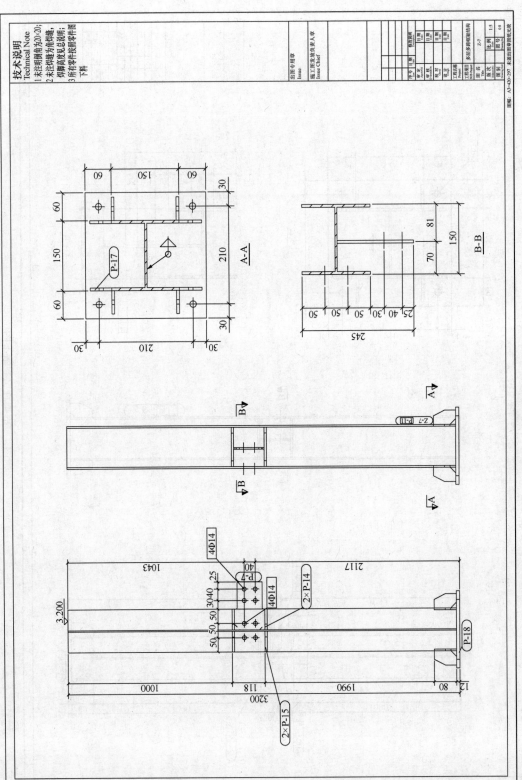

附图 8 框架柱 Z-7 施工图

114

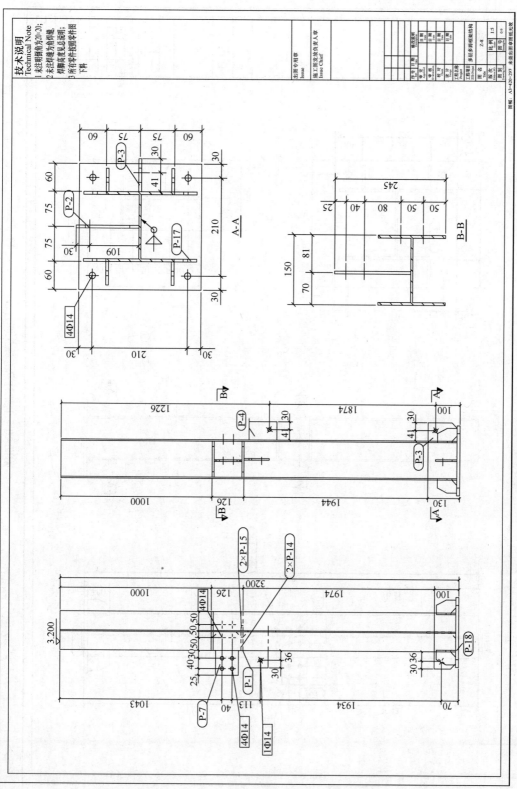

附图 9　框架柱 Z-8 施工图

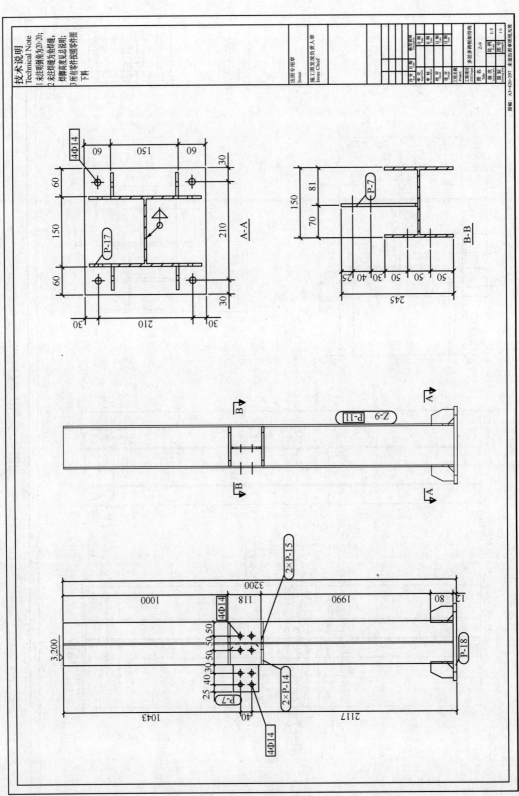

附图 10　框架柱 Z-9 施工图

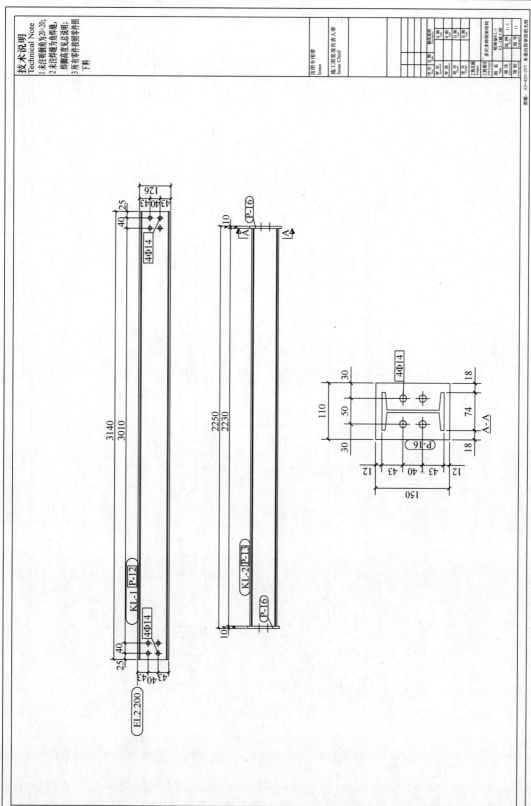

附图 11　框架梁 KL-1、KL-2 施工图

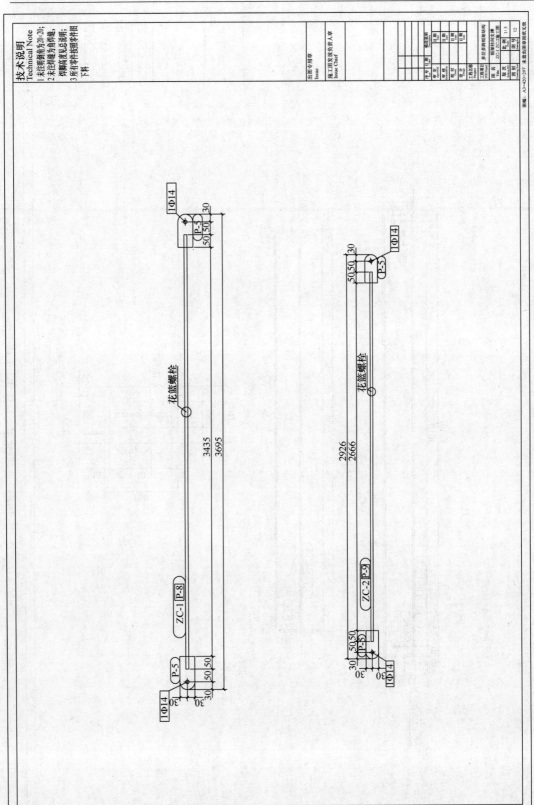

附图 12 框架柱间支撑 ZC-1、ZC-2 施工图

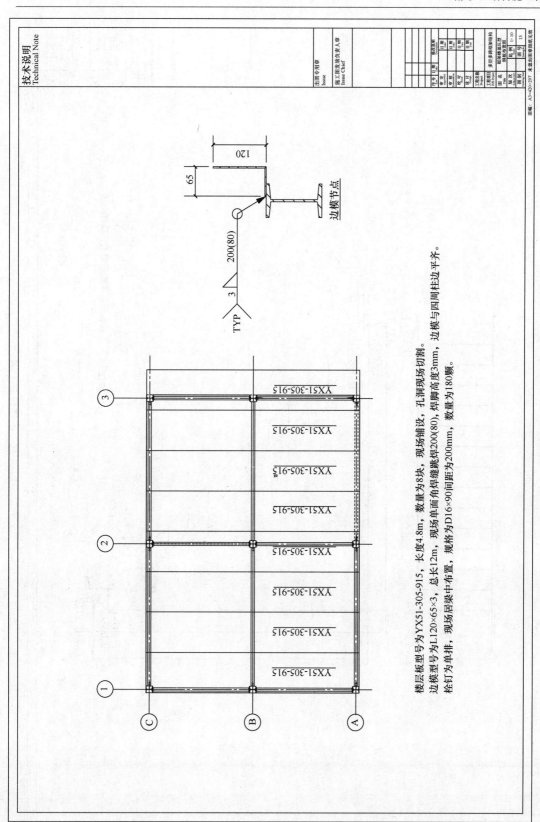

图幅　A3+420×297　未盖出图章图纸无效

楼层板板型号为YX51-305-915，长度4.8m，数量为8块，现场铺设，孔洞现场切割。
边模型号为L120×65×3，总长12m，现场单面角焊缝跳焊200(80)，焊脚高度3mm，边模与四角两柱边平齐。
栓钉为单排，现场居梁中布置，规格为D16×90间距为200mm，数量为180颗。

附图 13　框架楼盖压型钢板布置图

119

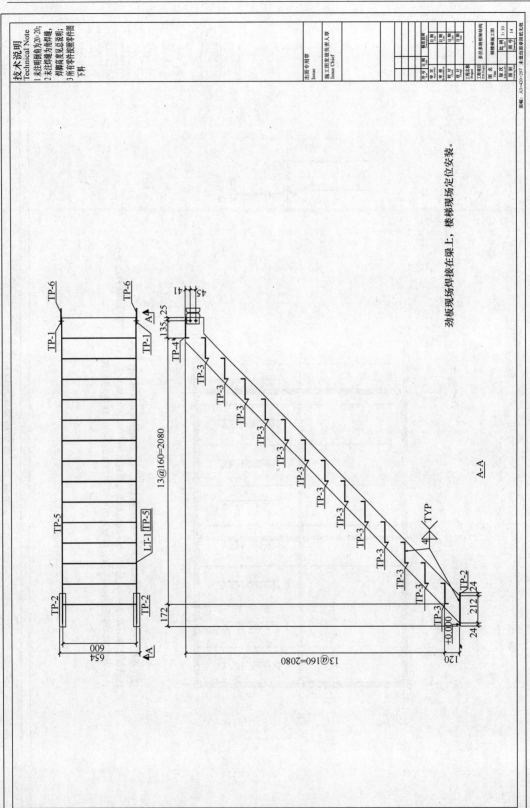

附图 14　钢楼梯施工图

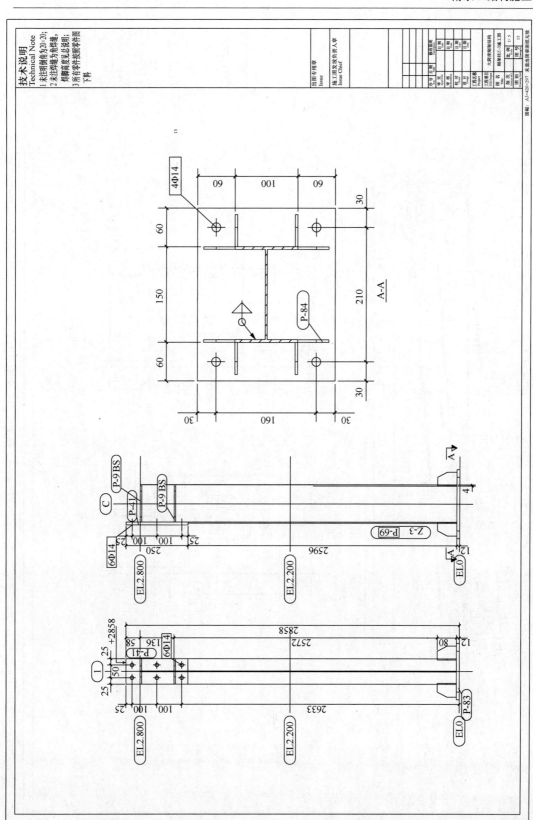

附图 15　刚架柱 Z-3 施工图

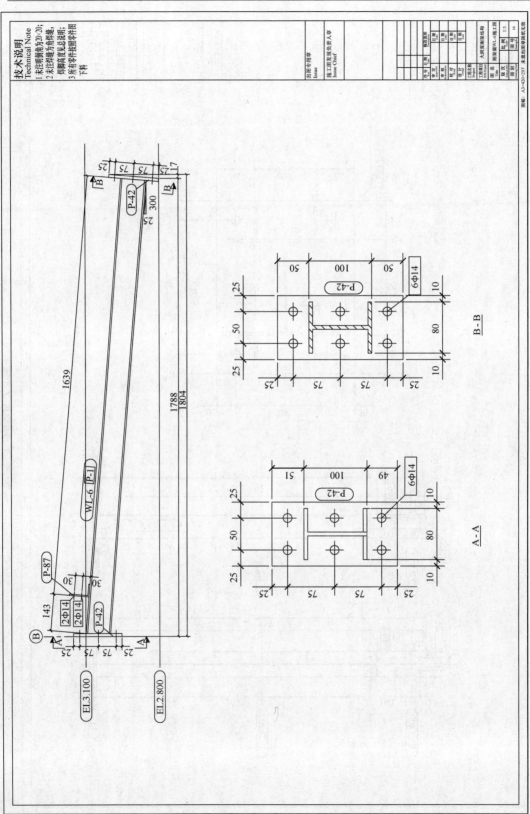

附图 16　刚架梁 WL-6 施工图

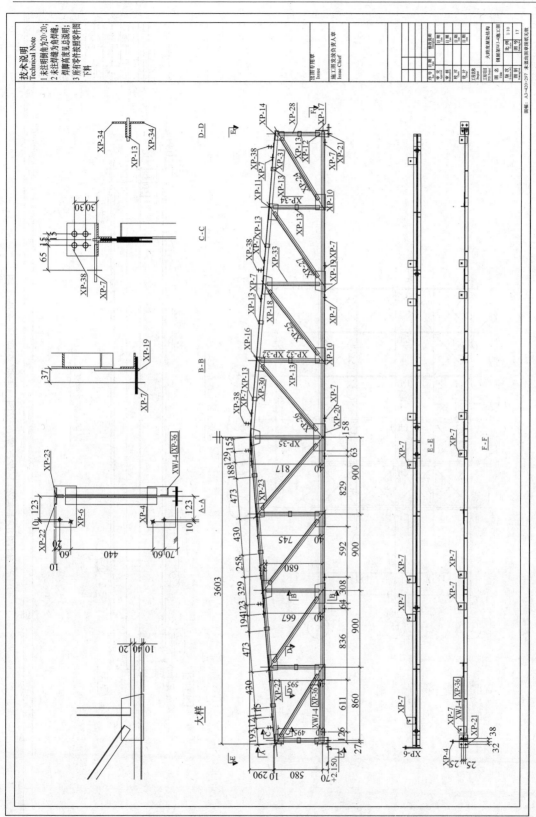

附图 17　钢屋架 WJ-4 施工图

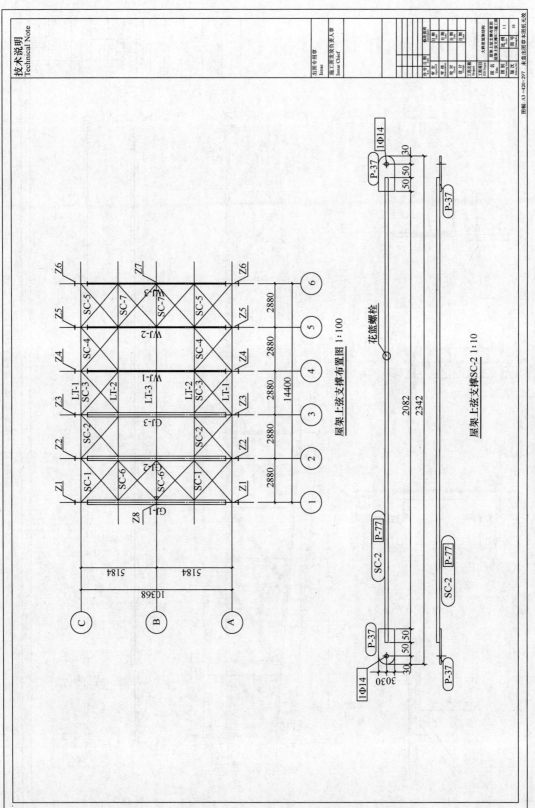

附图 18 屋架上弦支撑布置图、上弦支撑 SC-2 施工图

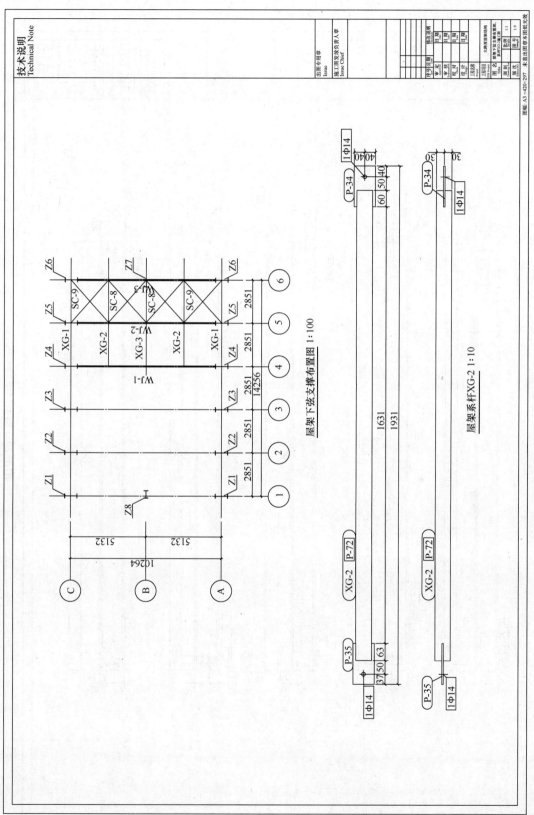

屋架下弦支撑布置图 1:100

屋架系杆XG-2 1:10

附图 19 屋架下弦支撑布置图、系杆 XG-2 施工图

钢结构安装施工实训

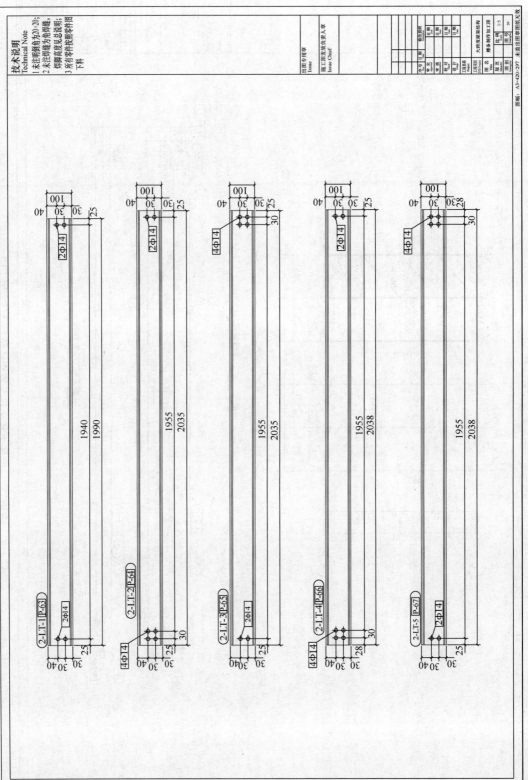

附图 20　檩条制作加工图

126

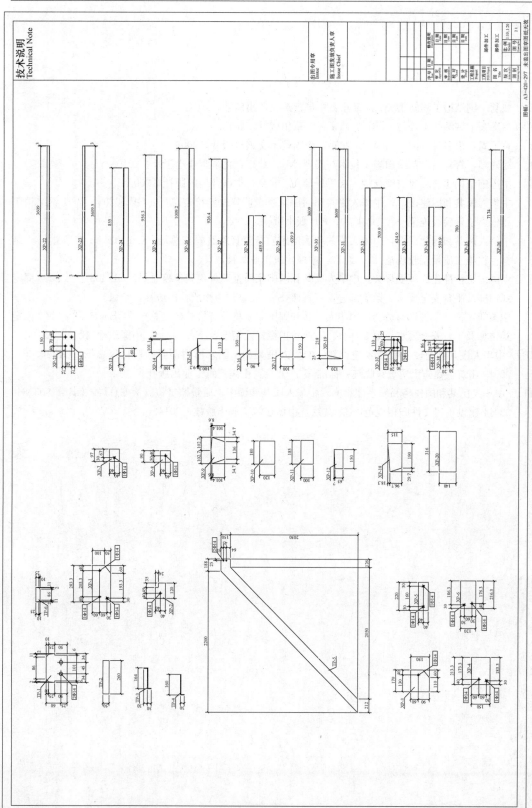

附图 21　钢部件制作加工图

参 考 文 献

[1] 戚豹. 钢结构工程施工[M]. 北京：中国建筑工业出版社，2010.

[2] 赵春荣. 钢结构工程施工[M]. 北京：北京出版社，2013.

[3] 曹平周，朱召泉. 钢结构[M]. 北京：中国技术文献出版社，2003.

[4] 胡建琴，常自昌. 钢结构施工技术与实训[M]. 北京：化学工业出版社，2010.

[5] 中国钢结构协会. 建筑钢结构施工手册[M]. 北京：中国计划出版社，2002.

[6] 中华人民共和国建设部，中华人民共和国国家质量监督检验检疫总局. GB 50205—2001 钢结构工程施工质量验收规范[S]. 北京：中国计划出版社，2002.

[7] 中华人民共和国建设部，中华人民共和国国家质量监督检验检疫总局. GB 50204—2015 混凝土结构工程施工质量验收规范[S]. 北京：中国建筑工业版社，2015.

[8] 中国国家标准化管理委员会，中华人民共和国国家质量监督检验检疫总局. GB 4053.1—2009 固定式钢梯及平台安全要求 第 1 部分：钢直梯[S]. 北京：中国质检出版社，2014.

[9] 中国国家标准化管理委员会，中华人民共和国国家质量监督检验检疫总局. GB 4053.3—2009 固定式钢梯及平台安全要求 第 3 部分：工业防护栏杆及钢平台[S]. 北京：中国质检出版社，2014.

[10] 中华人民共和国住房和城乡建设部，中华人民共和国国家质量监督检验检疫总局. GB 50300—2013 建筑工程施工质量验收统一标准[S]. 北京：中国建筑工业出版社，2014.

[11] 中华人民共和国住房和城乡建设部，中华人民共和国国家质量监督检验检疫总局. GB/T 50328—2014 建设工程文件归档规范[S]. 北京：中国建筑工业出版社，2014.